KB090397

Theory and Practice of

Menu Management

알기 쉬운

메뉴관리의
이론과 실제

김준희 · 장혁래 · 이태기
박인수 · 양동휘 · 조남철

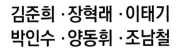

(주)백산출판사

■ 서 문

지난 20년 동안 우리나라 외식산업은 눈부신 성장을 해왔습니다. 특히, 1990년 이후에는 수없이 많은 다국적 외식기업들이 들어오면서 국내 외식시장 환경은 많은 변화를 가져왔습니다.

최근 들어서는 '한국음식의 세계화'가 외식시장의 화두로 관심을 받고 있습니다. 또한 맞벌이 부부의 증가로 인한 소득증가와 주 5일제 근무로 인한 여가시간의 증가 등의 이유가 관광과 외식의 증가로 이어지면서 관련 사업의 수요는 더욱 증가하고 있습니다. 그런 이유로 외식업체에 필요한 전문인력 양성 또한 눈에 띄는 양적 증가를 보이고 있습니다. 전문대학을 포함한 대학의 조리, 외식, 식품 관련학과 졸업생이 매년 5만여 명씩 배출되는 것을 보면 알 수 있습니다.

그러나 전문 인력의 양적인 증가에도 불구하고 레스토랑에서 사용되고 있는 메뉴는 '식료와 음료를 기록한 단순한 리스트'로 인식되고 있을 뿐 아니라 교육 현장에서도 그 정도의 수준에서 크게 벗어나지 못하고 다루어지고 있습니다. 더구나 레스토랑의 성공적인 경영에 중요한 역할을 담당한 '메뉴'가 단일과목으로 채택되기보다는 식음료경영론의 한 부분으로 교육되고 있습니다.

세계로 뻗어나갈 우리 외식시장을 이끌어나갈 전문 인력이 교육현장에서 쉽게 이해하고, 현장에 적용해서 '메뉴를 관리할 수 있는 능력이 있는 관리자, 외식사업체를 성공적으로 관리할 수 있는 관리자'가 되는 일에 본 책이 조금이나마 보탬이 되었으면 합니다.

최선을 다해서 체계적이고 이해하기 쉽게 엮으려고 노력했지만, 내용 중 오류나 보완되어야 할 부분이 있으리라 생각됩니다. 앞으로 다듬고 보완해 나갈 것을 약속드리며 애정 어린 따뜻한 충고 부탁드립니다.

백산출판사 임직원 여러분께 감사의 마음 전합니다.

저자 일동

■ 차 례

■ *Contents*

■ Contents

제11장   메뉴소비자의 이해   214

제12장   메뉴소비시장의 분석   231

Chapter 01

메뉴의 개요

제1절 메뉴의 정의와 유래

1. 메뉴의 정의

메뉴(menu)의 어원은 라틴어의 'minutus'에서 유래하여 영어의 'minute'에 해당하는 말로서 '상세하게 기록한다'라는 의미이다. 즉 판매하고자 하는 식음료 상품의 품목을 기록한 목록표(catalog)이다.

우리나라의 경우 이희승의 「국어대사전」에 제시한 정의에서 '요리의 품목표' 또는 '차림표'로 간단하게 표현하고 있다.

메뉴의 정의에 대한 개념은 시대나 관리자의 관점에 따라 그 의미가 변화되어 왔는데 1960년대의 '차림표'라는 정의와는 달리 1970년대부터는 '마케팅과 관리'의 개념이 포함된 차림표로 정의되었고, 1980년대 이후부터는 차림표의 개념이 삭제된 강력한 '마케팅과 내부통제의 도구'로 정의되고 있다. 또한 관리자의 관점에서 60년대와 70년대는 영양분석과 레시피에 의한 생산지향적인 관리에서 80년대 이후, 마케팅을 포함한 관리지향적인 측면으로 변화되었다고 볼 수 있다.

<표 1-1> 시대에 따른 메뉴의 개념 및 관점

구분	개념	관점
1960년대	차림표	생산지향적
1970년대	식단, 차림표 (마케팅과 관리개념포함)	
1980년대 이후	마케팅과 내부통제 도구	관리지향적

메뉴는 체계화된 음식과 음료의 관리, 생산, 서비스가 어우러진 종합적인 푸드서비스 작업으로 메뉴가 단순한 식료와 음료의 상품 리스트가 아니라 레스토랑 경영에 있어서 상품화의 수단으로 인식된다. 따라서 제한된 지면과 크기라는 여건에서 최대한의 효과를 얻기 위해 다양한 요소들을 메뉴에 함축시키지 않으면 안 됨을 의미한다. 즉 메뉴는 레스토랑의 모든 경영활동의 내용인 상품, 서비스, 분위기, 가격, 기술 및 인력, 계절감각 등을 압축한 것이어야 하고, 그러한 요소들의 조합이 외식소비자들의 욕구를 반영하거나 충족시킬 수 있을 때 경영목표를 달성할 수 있는 것이다.

메뉴는 고객에 대한 레스토랑의 모든 약속을 집합시켜 놓은 하나의 통일된 양식이므로 메뉴를 통해 소비자들이 받는 이미지, 느낌, 표시된 가격, 예상되는 품질 및 서비스를 유추할 수 있으며 고객에게는 메뉴가 바로 기대하는 가치의 척도가 될 수 있다. 따라서 합리적인 메뉴는 메뉴 자체의 완벽성에 기초한 개념으로 평가되기보다는 레스토랑이 실제로 생산하고 제공할 수 있는 제품과 서비스 및 분위기 등과 일치하는 것일 때에 완성될 수 있는 개념으로서 이해되어야 한다.

〈표 1-2〉는 메뉴의 정의에 대한 선행연구를 제시하고 있는데 이를 종합해 보면 '메뉴는 내부적인 통제도구일 뿐만 아니라 판매(sales), 광고(advertisement), 판매촉진(promotion)을 포함하는 마케팅 도구(marketing tool)'로 현대적 의미의 메뉴를 정의할 수 있다.

<표 1-2> 메뉴의 정의

학자	정의
Robert A. Brymer(1987) Anthony M. Rey & Ferdinard Wieland(1985)	메뉴는 가장 중요한 마케팅 도구이다.
Hrayt Berberoglu(1987)	메뉴는 정보의 제공자이다.
Lothar A. Kreck(1984) Leonard F. Fellman(1981)	• 메뉴는 레스토랑과 고객을 연결하는 대화의 고리이다. • 메뉴는 커뮤니케이션 도구이다.
Albin G. Seaberg(1991) Nancy Loman Scanlon(1990) David V. Pavesic(1989)	메뉴는 레스토랑의 대화, 판매, 그리고 P. R. 도구이며 가장 중요한 내부의 마케팅 도구이다.

자료 : 김기영 외, 호텔외식산업 연회기획서비스실무론, 현학사, 2009, p.106.

2. 메뉴의 유래

메뉴의 어원적 의미는 라틴어의 미뉴터스(minutus), 영어의 미뉴트(minute)에서 유래되었는데, '상세하게 기록한 것'을 의미한다. 메뉴는 원래 주방에서 식재료를 조리하는 방법을 기술한 것이었다.

메뉴에 대한 정확한 기원은 다소 불분명하지만 특정한 서면으로 혹은 그림으로 나타난 고대 연회의 기록이 사실상 최초의 메뉴라고 할 수 있다. 연회는 이교도의 축제로부터 귀족과 부유층, 세력가들에게 요리법을 제공하는 것으로 발전하였고, 메뉴의 이용은 고대문화로부터 중세와 르네상스를 거쳐 근대에 이르기까지 꾸준히 발전하였다. 그러나 오늘날 우리가 알고 있는 메뉴의 형태는 비교적 근대에 이르러 탄생한 것으로 고대에는 메뉴라는 용어 이전에 '기록' 또는 '오늘의 추천', '특별이벤트'라고 표현하였다. 바빌론의 점토판에는 축제기간 동안 제공되었던 음식과 음료의 기록이 남아있으며, 이집트 무덤에도 축제내용과 음식에 관한 기록으로 그 당시의 메뉴와 음식문화를 유추해 볼 수 있다.

메뉴에 대한 정확한 기원은 다소 불분명하지만 특정한 의식을 위한 음식을 벽에 적어 주방조리사들의 작업 매뉴얼 또는 서빙근무자들의 업무 지침서로 활용되었다.

메뉴가 최초로 선보인 것은 프랑스요리가 지금은 양식의 대표적인 메뉴로 취급되고 있지만 16세기 초만 하더라도 프랑스요리는 비록 궁중요리라 하더라도 매우 조잡하고 지극히 보잘 것이 없었다. 1533년 프랑스왕 앙리 2세의 왕비인 카트리누는 이탈리아의 플로렌스에서 여러 명의 요리사를 데리고 왔는데, 이 요리사들에 의하여 프랑스의 궁정요리는 점차 개선되기 시작하였다. 이 이탈리아식 요리가 도입됨에 따라 프랑스의 조리사들은 요리의 원재료와 조리법을 잊지 않기 위하여 메모하였는데 그것이 곧 메뉴였던 셈이다.

또 다른 유래는 1541년 프랑스 헨리 8세(Henry Ⅷ) 때 브룅스윅 공작(Duke Henry of Brunswick)의 자택으로 친지를 초대하여 만찬회를 가지게 되었을 때, 공작은 운반되어온 요리와 자신이 앉은 테이블에 놓인 메모지를 보고 즐거워하며 식사를 하였는데 이를 이상하게 생각한 친지 중 한사람이 테이블 위에 놓인 메모를 보고 무슨 메모인지를 묻게 되자, 공작은 오늘 준비된 요리에 대한 리스트라고 대답하였다. 당시 동석한 친지들은 그 착상에 대해 감탄한 나머지 곧 이를 흉내내어 만찬회 등의 연회 시에 요리리스트를 작성하였다. 이 리스트가 연회에 있어서의 정찬메뉴(table d'hote menu)의 효시인 것으로 전해지고 있다.

그 후 19세기 초 의식을 위한 음식을 벽에 적어 주방조리사들의 작업 매뉴얼 또는 서빙근무자들의 업무 지침서로 활용되었던 것으로 현대적인 메뉴의 역할과는 많은 차이점이 있었던 것으로 추정된다.

메뉴가 최초로 식탁에 선보인 것은 1498년 프랑스의 어느 귀족의 착안으로 손님을 접대하기 위하여 시작하였고, 그 후 1541년 앙리8세(Henry Ⅷ) 당시 브룅스윅(Duke Henry of Brunswick) 공작이 주최한 연회석상에서 요리에 관한 내용, 순서 등을 제공하였다.

이로써 좋아하는 음식을 쉽게 찾을 수 있도록 한 것이 큰 호평을 받아 귀족들 간의 연회에 유행하였으며 차츰 유럽 각국에 전파되어 정찬, 즉 정식의 메뉴로서 사용하게 되었다.

그 후 오늘날 우리가 사용하는 시초가 된 메뉴는 19세기 초 Palais Royal의 레스토랑에서 고객에게 제공될 음식을 큰 판자에 적어 식당 출입문에 걸었다고 한다. 당대에 유명했던 레스토랑인 로쉐 드 캉깔르(Rocher de Cancal), 그리모 드 라 레이니에르(Grimod-de-la Reyniere), 로텔 데 자메리켕(L. Hotel des Americains) 등에서 사용했던 메뉴가 현재 보관되어 있다.

제2절　메뉴의 이해

1. 메뉴의 기능 및 역할

1) 메뉴의 기능

메뉴는 식당이 판매하려고 의도하는 식음료 품목들을 고객이 잘 이해할 수 있고 구매를 유도하고 촉진하는 능력을 갖추어야 하며, 메뉴의 내용은 이러한 기능을 위해서 설계되어야 한다.

여기서 가장 필요한 메뉴의 기능은 식당경영자가 고객에게 전달하려고 하는 메시지가 효과적으로 소통될 수 있어야 한다. 또한, 메뉴는 고객과의 커뮤니케이션에 사용되는 가장 중요한 마케팅 도구이며, 식음료업장의 단골고객 여부에 대한 고객의 잠재적 욕구에 가장 큰 영향을 주고 있어, 식음료 경영에 중요한 부분을 차지한다.

메뉴로써 소개되는 제품 및 서비스는 고객의 메뉴선택에 많은 영향을 주며, 식음료업장의 경영방법 및 서비스 타입 등을 결정한다. 식음료 경영에 있어서 메뉴의 다양한 기능 중 주목해야 할 것은 커뮤니케이션 도구로서의 메뉴의 기능이다. 대부분의 고객은 종업원과 대화를 하기 전에 종업원으로부터 건네받은 메뉴와 대화를 한다. 전달받은 메뉴 상에서 본인이 원하는 아이템을 선택하는 과정에서 고객과 메뉴는 대화거리를 찾아 대화를 시작한다. 메뉴를 보다 성공적으로 디자인하기 위한 일반 커뮤니케이션의 모형에 의하면 메뉴를 계획하는 사람은 레스토랑의 전체적인 개념에 근거하여 실제 얻은 정보와 과거의 성공적인 경험을 바탕으로 고객에게 전달할 메시지(아이템)를 결정한다. 즉 고객에게 제공할 음식의 그룹을 정하고, 아이템의 수, 아이템의 이름, 아이템의 설명, 그리고 가격결정 등을 결정하는 것을 말한다. 이러한 사항을 메뉴판에 옮기는 메뉴디자인에서는 메뉴의 외형·크기, 사용할 활자의 크기와 스타일, 컬러, 아이템의 배치와 순위 등의 구성을 통하여 레스토랑의 목표를 달성할 수 있게 하는 것이다.

2) 메뉴의 역할

메뉴는 레스토랑에서 판매되는 상품에 대한 자세한 설명과 가치증진의 효율을 위한 전략 도구로써, 고객의 물리적, 정신적 만족을 증대시키기 위한 가치의 척도를 의미한다. 메뉴는 내용에 따라 식재료의 구매, 저장, 재고관리, 음식의 조리, 서비스나 작업계획 등 여러 가지 형태의 관리활동 내용을 결정한다. 또한 메뉴의 범위에 따라 주방 및 서비스 공간에 필요한 시설과 설비의 배치가 결정된다. 즉 메뉴는 설비 및 장비의 배치, 공간구성, 장식 등 모든 분야에 영향을 미친다. 따라서 메뉴는 종합적인 요소들이 검토된 후 관리되는 문제라기보다는 모든 문제를 야기시키는 전 단계의 시발점이 되어야 하므로 그 중요성이 더욱 강조된다고 할 수 있다.

(1) 최초의 판매도구

메뉴는 고객과 커뮤니케이션하게 되는 최초의 판매도구로서 강력하고도 중요한 판매수단이 된다. 고객이 레스토랑을 방문하여 처음으로 접촉하게 되는 주요상품은 바로 메뉴가 될 것이며 고객은 메뉴가 전달하는 메시지를 읽고 해석하여 그에 따른 적절한 행동을 취하게 된다. 따라서 메뉴는 레스토랑 고객이 상호 커뮤니케이션을 갖게 하는 최초의 판매도구라 할 수 있다.

(2) 마케팅도구

마케팅이란 개인이나 조직의 욕구충족과 목표달성을 위한 교환을 창출하기 위하여 제품, 서비스, 아이디어를 개발하고, 가격을 결정하며, 이들에 관한 정보를 제공, 촉진하고 유통하는데 관련된 제반 활동을 계획하고 집행하는 과정으로 정리할 수 있다. 이러한 관점에서 레스토랑경영의 모든 활동은 메뉴와 함께 시작된다고 할 수 있으며, 메뉴는 그 어떠한 상품보다 중요한 핵심요소로서 외부적으로는 판매 가능한 음식, 가치, 가격을 고객에게 전달하고, 내부적으로는 레스토랑의 콘셉트, 상품, 시설, 설비 등을 통제하고 관리하는 역할을 하게 된다. 따라서 메뉴는 단순히 생산품목과 가격을 기록한 것이 아니라 고객과 레스토랑을 연결해 주는 무언의 전달자이며 판매를 촉진시키는 마케팅도구로서 활용된다.

(3) 고객과의 약속

실제로 레스토랑에서 제공되는 메뉴상품을 고객이 직접 눈으로 모든 것을 확인하고 구매하는 행위는 불가능할 것이다. 레스토랑은 자신의 상품을 대표적으로 표현하는 도구가 바로 메뉴이며, 고객은 메뉴를 통하여 자신이 구매하고자 하는 가치를 확인하고 주문한다. 따라서 메뉴는 레스토랑에서 판매하는 상품에 대하여 고객에게 그 가치를 보장하는 매개수단이 된다.

(4) 내부통제수단

메뉴는 단순히 식음료의 종류를 기록, 나열하는 본래의 기능수행보다는 식음료 사업의 성패를 좌우하는 역할이 한층 강조되고 있다. 고객에게는 레스토랑의 이미지를 전달하고, 내부적으로는 주방부서와 서비스 부분의 생산시스템과 서비스시스템, 시설시스템, 구매시스템, 마케팅시스템 등 가장 경제적이고 효율적으로 생산할 수 있는 내부통제수단이 된다.

따라서 메뉴는 식음료 경영에 있어서 통제 및 관리과정의 기본이 되는 도구로서 구매, 저장, 시설, 레이아웃, 조직, 생산성 및 서비스, 수입통제, 원가관리 등 경영활동의 통제수단을 내포하고 있다.

메뉴는 고객과의 커뮤니케이션 도구로써 고객에게 그 메뉴의 속성이 명확하게 표현되어져야 하며, 판매와 관련된 중요한 상품화의 수단으로써 기업의 이윤 창출을 위해 관리되어져야 하는 중요한 요소로 이해되어야 한다.

2. 메뉴의 특성

1) 식음료상품의 특성

(1) 강한 부패성

미리 만들어 놓은 상품을 제공하는 것이 아니라 최소한 1일 3식을 주문받은 후에 그 주문에 따라서 주방에서 조리를 하여 즉시 제공해야 하는 시간적인 제약을 가지고 있기 때문에 식음료 원재료나 상품 자체에 품질관리 및 위생관리는 매우 중요하다.

또한 식음료의 품질관리 및 가격결정에 직접적인 영향을 미치게 되어 경영이익에 직결되는 중요한 문제로서 호텔 외식산업체의 경영관리활동에 있어서 특별한 결속과 전문적인 기술을 요구하는 주된 요인이 된다.

상품의 부패성 때문에 단기적 내에서 판매되지 않으면 안 되고,

오래 보관할 수 없으므로 가능한 수요예측이 요구된다.

(2) 장소적 제약

원칙적으로 외식산업은 고객이 직접 업장을 찾거나 또는 원하는 곳에서 요리하여 제공할 수 있으므로 장소적인 제약을 받는다.

(3) 시간적 제약

외식산업에 있어서 가장 문제가 되는 것이 바로 시간적인 문제이다. 고객이 밀리는 시간을 어떻게 잘 배분하는가는 성공의 열쇠가 될 수 있기 때문이다. 앞에서 언급한 장소적 제약을 받는 한정된 좌석과 한정된 시간에 최대의 효과를 올릴 수 있는 방법을 찾을 수 있다면 성공의 조건이 될 수 있다.

(4) 영업장의 시설과 분위기 등에 영향

외식산업의 분위기는 고객의 식욕과 밀접한 관련이 있으며, 현대에는 시설이 현재의 외식업체와 비슷한 형태를 갖춘다거나 뒤떨어진 시설이 되면 성공하지 못한다. 이러한 이유로 현대인은 청결하고 조금은 색다른 분위기와 시설 속에서 외식을 즐기기를 원하기 때문이다.

2) 생산상의 특성

(1) 생산과 판매의 동시성

일반제조업과는 달리 외식사업의 상품, 즉 메뉴는 현장에서 생산과 판매가 동시에 이루어진다. 즉 고객의 주문에 의하여 상품이 만들어지고, 그 즉시 판매되는 특성을 가지고 있다. 메뉴는 일정한 시간이 지나면 상품의 맛과 질이 떨어지고 상품의 가치를 떨어뜨리는 요인이 되므로 순간의 시간이 매우 중요한 요인이 된다.

(2) 주문생산의 원칙

일반상품의 생산은 일정한 규격과 표준에 의하여 대량생산을 하지

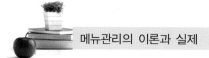

만, 외식산업의 경우 식당 내의 현장에서 고객의 주문에 의하여 상품, 즉 요리가 생산되고 그 즉시 판매된다.

(3) 수요예측의 곤란

소비자인 고객이 직접 식당을 찾아와서 상품을 주문하여야 생산이 이루어지기 때문에 계절·지역·날씨·고객층별로 식사의 수요가 항시 변할 가능성이 매우 높아서 식당을 찾는 고객의 수를 예측하여 식재료를 구입하거나 상품을 제조할 수 없다.

(4) 다품종 소량생산

일부 음식점에서는 메뉴수를 한정하여 저가격으로 빠른 서비스에 의해 운영되는 시스템을 채택하는 업종·업태가 없는 것도 아니지만 대부분의 음식점에서는 다양한 고객의 기호에 대응하기 위하여 여러 종류의 메뉴를 준비하는 경향이 강하다.

(5) 인적 서비스에 대한 높은 의존도

외식산업은 기계적으로 이루어지는 부분은 극히 일부분에 의존할 뿐 인적자원을 투여하지 않고는 생산이 불가능한 사업으로 타 산업에 비하여 각종 생산 및 판매가 인적으로 이루어지는 부분이 높다.

따라서 사람의 손에 의존하는 부분이 많아서 인건비가 차지하는 비중이 높아 노동집약적인 특성이 있다.

3. 메뉴의 중요성

메뉴의 중요성에 대해서 레빈슨(Charles Levinson)은 경영자가 메뉴 계획을 비교적 중요하지 않은 것으로 여겨왔으나, 사실상 식당의 중요한 경영도구(managerial tool)가 메뉴라고 강조하고 있다. 비식과 클릭(Hubert E. Visick & Peter E. Van Kleek)은 판매를 위한 목록표가 아니고, 식당에서 이용할 수 있는 가장 중요한 상품화 도구(merchandizing tool)이기도 하나, 고객이 무엇을 어떻게 원하는가를 찾아서 구매 욕구를 충족시켜 주는 식당영업의 강력한 판매촉진도구라고 할 수 있다.

따라서 메뉴는 다음과 같은 점들에 초점을 두고 만들어지는 것이므로 일반 제조업의 상품화 도구와는 다른 특징을 가지고 있다.

1) 메뉴의 계획 및 제작

메뉴는 성공적으로 계획 및 제작이 되어야 한다. 메뉴의 성공적인 계획과 제작이란, 제공될 여러 종류의 음식을 판매하기 전에 어떤 고객에게 어떤 재료를 가지고 어떻게 조리하여 어떤 가격으로 어떻게 판매할 것인가를, 사전에 종합 검토하여 작성하는 작업을 말하는 것이다.

메뉴는 고객의 필요와 욕구, 원가와 수익성, 이용 가능한 식품, 조리설비의 한계, 메뉴의 다양성, 그리고 영양적 요소를 고려하여 계획되어야 한다. 메뉴 계획과 관련하여 콧체바(Lendal H. Kotschevar)는 고객의 음식습관과 선호에 미치는 경제적, 사회적, 지역적, 윤리적, 종교적, 그리고 행태적 영향을 감안하여 메뉴가 계획되어야 한다고 지적하고 있다. 주방에 보유한 조리기구의 특성과 고객의 미각변화에 대처할 수 있는 영양적 요소와 메뉴 제시의 다양성과 매력성이 가미되어야 하고, 고객의 선택이 용이하도록 하기 위해서 표현방법과 설명제시가 추가되어야 한다.

고객에게 매력적이고 특별한 메뉴를 계획하기 위해서 적합한 장비를 갖추고 있는 주방이 필요하다. 메뉴는 주방의 크기와 장비의 종류 및 생산능력을 감안하여야 하며, 장비의 이용과 장비의 수에 따라 커다란 작업부담이 없는 한도 내에서 개발되어야 한다.

2) 식재료의 적절성

훌륭한 메뉴라도 재료를 적기에 구입하지 못한다면, 아무런 쓸모 없는 메뉴에 지나지 않게 된다. 식재료의 계절적인 출하 상황이라든가 재배작황 또는 산지의 가격형성 등 모든 재료에 대한 정보를 입수하고, 재료의 물량공급 및 기간에 유념하여 일년 사시사철 알맞은 재료에 대한 메뉴를 작성할 수 있어야 한다. 계절별로 미각을 살릴 수 있고, 식재료의 출하가능 여부를 고려하며, 재고도 감안한 메뉴 작성이 이루어져야 한다. 재고가 충분치 않은 품목은 구입소요기간이 고려되어야 하며, 종종 악성재고의 처분을 위한 특별메뉴의 운용도 생각해야 한다.

새로운 메뉴 계획 시에 새로운 메뉴를 제공하는 이유가 분명해야 한다. 메뉴의 생산과 가격결정을 하기 이전에 평균 고객수를 증가시키기 위해서인지, 새로운 고객을 유인하기 위해서인지, 또는 현 고객시장을 개척하기 위해서인지 그 이유가 분명해야 한다. 이들은 메뉴를 계획하는 사람에게서만 나올 수 있는 재치로서, 고객과 그들이 좋아하는 음식에 대한 충분한 지식을 갖고 그들을 관리, 운용할 줄 알아야 한다. 음식의 형태는 조리방법에 의해서 달라질 수 있고, 매일 달리 준비할 수 있으므로, 다양성을 보여 줄 수 있는 메뉴가 되어야 한다. 이러한 것은 메뉴 계획에 있어서 어려운 문제일 수 있으나 독창력과 연구력을 발휘할 수 있는 기회가 된다. 메뉴를 계획할 때 특정한 세분시장의 고객요구가 무엇인지를 고려하는 것이 필요한데, 경영자가 이러한 독특한 요구에 관해 해박한 지식을 가지고 있으면 그 경영은 성공하게 될 것이다.

3) 고객을 대상으로 하는 메뉴

메뉴는 사실상 업체의 소유주를 대상으로 하는 것이 아니고, 고객을 대상으로 하는 것이다. 메뉴는 음식서비스 업체에 유도하고 싶은 사람들을 나타내는 것으로, 이들에게 제공하고자 하는 상품이 된다. 영업의 규모가 크면 클수록 그 영업은 고객에게 초점을 맞추어야 한다. 고객에게 매일 말하는 것은 그들의 좋고 싫은 것을 알아내기 위해서와 그들의 질문에 답하기 위해서 중요하다. 소비자와의 접촉은 고객의 메뉴 수용에 관한 계속적인 평가뿐만 아니라, 메뉴의 개발에 있어서도 중요하다.

4. 메뉴의 조건

1) 메뉴의 커뮤니케이션 과정

메뉴는 판매상품의 이름과 가격, 상품을 구입하는 데에 필요한 조건 등의 여러 정보를 포함하고 있어, 업체의 이미지를 표현하여 주는 고객과 식당을 연결하는 커뮤니케이션의 매체이다. 메뉴는 커뮤니케이션을 필요로 하는 모든 사람에게까지 그 폭을 넓혀야 하고, 오류가 있어서는 안 된다. 메뉴제작자는 고객에게 정확하게 전달할 수 있어야 하며, 고객이 그 메시지를 이해하고 반응을 보일 수 있어야 한다. 〈표 1-3〉에서 메뉴고안자와 고객 간 메뉴의 커뮤니케이션의 과정을 보여주고 있다.

<표 1-3> 메뉴의 커뮤니케이션 과정

메뉴의 커뮤니케이션			
	메시지의 의미 고려		메시지 받음
	① 개념 ② 정보 ③ 직관 ④ 경험		① 해석 ② 태도
메 뉴 고 안 자	의미를 부여하고자 하는 것을 표현	고 객	글의 내용과 심벌을 해석
	① 목표 ② 정책 ③ 철학 ④ 표현하고자 하는 내용과 방법		① 글의 내용과 심벌의 이해 ② 기대 ③ 가치를 인식
	인쇄된 메뉴를 통하여 메시지 전달		의미를 이해하고 받아들임
	① 표지 ② 메뉴카피 ③ 인쇄 ④ 예술성 ⑤ 로케이션		① 행동 ② 원하는 것을 구매 ③ 이익이 되는 것을 구매 ④ 음식서비스업체를 반복방문

2) 메뉴고안자의 역할

① 메뉴고안자는 음식서비스업체를 위해 개발된 콘셉트에 바탕을 두고, 표현하고자 하는 것이 무엇인지 염두에 둔다. 메뉴메시지의 개발은 세 가지의 투입요소, 즉 정보, 직관 그리고 경험에 의해 이루어진다.

② 정책과 철학을 표현한다. 메뉴를 통해야 고객들에게 구입해 주기를 바라는 것과 계획하고 있는 이미지를 말해줄 수 있어야 한다. 목표에 맞는 음식의 범주, 이름 그리고 메뉴음식의 수에 대해 결정해야 한다.

③ 메뉴의 물리적 측면을 고려해야 한다. 그런데 표지, 설명력,

예술성 그리고 메뉴음식의 위치 배열에 관한 결정이 이루어져야 한다. 표지는 첫인상을 주는데 결정적인 역할을 하며, 메뉴음식을 설명하는 카피는 커뮤니케이션 도구의 중요한 부분이다. 메뉴품목, 예술성 그리고 색깔도 고객에게 전달하고자 하는 메시지에 있어서 아주 중요한 요소들이다. 이러한 요소들은 공식적이거나 비공식적인 분위기를 결정하게 된다. 메뉴는 수익, 판매 그리고 이미지 측면에 있어서도 목표를 달성할 수 있어야 한다.

3) 고객의 역할

① 고객은 먼저 메뉴의 물리적 측면인 형태, 종이의 질, 그리고 표지에 대해 반응을 보인다. 그리고 메뉴고안자가 메뉴에서 제시하고자 하는 메시지를 해석한다. 이것은 고객의 첫 번째 시험이 된다.

② 고객은 메뉴가 내포하고 있는 어떠한 것을 해석한다. 즉 업체 내외부의 장식과 그 메뉴가 어울리는지? 그 메뉴가 표현하고자 하는 것을 제대로 표현하고 있는지, 고객의 지각가치를 고려한 메뉴인지, 고객의 기대를 충족시켜 줄 수 있는 메뉴인지 등을 해석한다.

③ 다음으로 고객은 메뉴의 여러 가지 측면을 받아들이거나 거부하게 된다. 고객의 반응은 주관적일 수도 있고 객관적일 수도 있다. 고객은 메뉴의 일반적인 인상에 반응을 보이는데 주관적, 객관적 차원 모두에서 반응을 보인다. 고객이 메뉴고안자가 행한 것을 수용한다면 훌륭한 메뉴를 개발한 것이다. 고객은 구매하여 주기를 바라는 수익적인 음식에 대해 구매행동을 보이게 되고 반복고객으로서 음식서비스업체에 재방문할 것이다.

Chapter 02

메뉴의 분류

메뉴를 분류하는 기준은 메뉴의 내용 및 가격에 따라, 또는 메뉴의 유지시간에 따라, 그리고 메뉴가 제공되는 시간에 따라 구분할 수 있으나 연구자 또는 메뉴 기획자에 따라 다른 기준을 적용하여 메뉴를 분류하고 있다.

일반적으로 메뉴의 분류는 정식요리 메뉴(table d'hote menu), 일품요리 메뉴(a la carte menu), 혼합 메뉴(combination menu) 등 메뉴를 구성하는 내용 및 식사가격에 따라 구분을 하며, 메뉴의 유지시간에 따라 고정 메뉴(fixed menu, static menu, standardized menu)와 순환 메뉴(cycle menu), 시장메뉴(market menu)로 분류하고 있다. 또한 메뉴를 제공하는 시간(아침, 점심, 저녁 등)과 장소(메뉴가 판매, 소비되는 장소)에 따라 분류를 할 수도 있지만 후자에 따른 분류 방법은 그 내용과 범위가 상당히 광범위하여 업장(outlet)별 메뉴와 특별메뉴 형태로 분류하고 있다.

종합하면 메뉴는 크게 다음의 3가지 방법으로 분류할 수 있다.

첫째, 메뉴를 구성하는 내용 및 식사가격에 따라 정식메뉴와 일품요리 메뉴, 그리고 두 가지를 결합한 혼합 메뉴로 구분한다.

둘째, 메뉴의 유지시간에 따라 고정메뉴와 사이클 메뉴로 구분한다.

셋째, 메뉴를 제공하는 시간대에 따라 아침메뉴와 브런치메뉴, 점심메뉴, 정찬메뉴, 그리고 서퍼메뉴로 분류할 수 있으며, 메뉴를 제공하는 장소에 따라 업장별 메뉴와 특별메뉴로 구분한다.

제1절 메뉴를 구성하는 내용 및 가격에 따른 분류

특정코스의 품목과 가격이 일정하게 고정되어 있는 정식요리 메뉴와 제공되는 모든 품목에 대한 각각 다른 가격이 설정되어 있고 선택한 품목에 대한 금액만을 지불할 수 있도록 구성된 일품요리 메뉴, 그리고 정식요리 메뉴와 일품요리 메뉴의 결합 형태인 혼합 메뉴로 구분할 수 있다.

1. 정식 메뉴(table d'hote menu : full course menu)

정식요리 메뉴란 'Table of host'를 뜻하는 것으로 오늘날의 숙박기능을 하는 여인숙이나 여관에서 유래된 것이라고 한다. 즉 숙박을 제공하는 시설에서 고객을 위해서 정해진 가격에 투숙한 모든 고객에게 같은 음식을 제공하였다. 원시적이던 예전의 여인숙에 투숙한 행상인이나 여행객들은 본인이 지참한 식량을 가지고 숙식을 했었는데 점차 교통의 발달과 더불어 왕래가 빈번해짐에 따라 숙박자의 편의도모 및 여인숙의 영업상 수익 등을 고려하여 숙박에 식사를 곁들여 제공하는 풀 빵시용(full pension : full board)에서 시작되었다. 투숙한 모든 고객에게 똑같은 내용의 식사를 제공하였는데 이것이 오늘날 우리가 알고 있는 정식메뉴의 유래가 된 것으로 보인다.

정식메뉴의 차림표는 한 끼 식사로 구성되며, 미각·영양·분량의 균형을 생각하여야 하고 요금도 한 끼 식사분량으로 표시되어 있으므로 고객은 그 차림표와 가격을 용이하게 이행하게 되는 이점이 있다. 또한 정식메뉴는 매일 작성하는 경우도 있으나 계절과 재료의 한계가 있으므로 반복되는 경우가 많다.

정식메뉴는 고급 레스토랑에서 그다지 인기가 없어 명목만 유지되고 있는 현실이지만 일반 레스토랑에서는 아직도 많이 이용하고 있다. 또한 정식요리 메뉴에서 가장 중요한 것이 메인 아이템인데 고객의 요구에 따라 곁들이는 야채와 소스 등이 변경되는 경향이 있어 정식요리 메뉴 원래의 의미가 퇴색되고 있다.

정식요리 메뉴는 아침, 점심, 저녁, 연회 등을 막론하고 어느 때든지 사용할 수 있으나 그 구성되는 코스는 일반적으로 다음과 같이 제공되고 있다.

① Luncheon : 3~4Courses
② Dinner : 4~5Courses
③ Supper : 2~3Courses
④ Banquet 5~6Courses

정식메뉴의 장·단점을 살펴보면 다음 〈표 2-1〉과 같다.

<표 2-1> 정식메뉴의 장·단점

정식메뉴의 장점	정식메뉴의 단점
① 신속한 서비스로 좌석회전율을 높임 ② 가격이 저렴 ③ 식자재의 관리가 용이 ④ 원가의 절감으로 매출액 상승 ⑤ 고객의 선택이 용이 ⑥ 신속하고 능률적인 서브를 할 수 있음 ⑦ 조리과정이 용이하므로 인력감소	① 고객의 입장에서는 선택의 폭이 좁음 ② 가격의 변화에 시의성 있게 대처할 수 없음 ③ 코스에 포함된 메뉴품목의 수가 제한되어 있음 ④ 창의적인 메뉴와 서비스가 부족함 ⑤ 종사원의 능력개발 기회가 적음

연회(banquet)에 전통적으로 제공되는 일반적인 정식메뉴는 아래와 같다.

① 찬 전채(Cold Appetizer – Hors d'oeuvre froid)
② 수프(Soup – Potage)
③ 더운 전채(Hot Appetizer – Hors d'oeuvre chaud)
④ 생선(Fish – Poisson)
⑤ 주요리(Main Dish – Releve)

⑥ 더운 앙뜨레(Hot Entree - Entree chuad)

⑦ 찬 앙뜨레(Cold Entree - Entree froide)

⑧ 가금류요리(Roast - Roti)

⑨ 더운 야채요리(Warm Vegetable - Legume)

⑩ 찬 야채(Salad - Salade)

⑪ 더운 후식(Warm Dessert - Entremets de Douceur chaude)

⑫ 찬 후식(Cold Dessert - Entremets de Douceur froide)

⑬ 생과일 및 조림과일(Fresh or Stewed Fruit - Fruit ou Compote)

⑭ 치즈(Cheese - Fromage)

⑮ 식후 음료(Beverage - Boisson)

위와 같은 순서가 현대에 와서는 ⑤, ⑥, ⑦, ⑧의 네 가지 코스를 따로 분리하지 않고 일반적으로 주요리로 함께 명시하고 있으며, 〈표 2-2〉와 같은 순서로 축소, 축약하여 사용되어지고 있다.

〈표 2-2〉 Course별 제공 메뉴

5 Course	7 Course	9 Course
appetizer ↓ soup ↓ main ↓ dessert ↓ beverage	appetize ↓ soup ↓ fish ↓ main ↓ salad ↓ dessert ↓ beverage	appetizer ↓ soup ↓ fish ↓ sherbet ↓ main ↓ salad ↓ dessert ↓ beverage ↓ praline

위에 제시하고 있는 제공 순서와 제공되는 아이템은 편의에 의한 절차에 불과하며 약속되고 확정된 순서로 활용되고 있지 않는 경우가 많다. 즉 디저트 다음에 제공되는 음료를 따로 코스로 포함하지 않고 디저트 영역에 포함하기도 하며, 생선코스 다음에는 메뉴 구성상 셔벗이 제공되는 것이 상식이므로 코스에 포함되어 있지 않더라도 제공되어야 한다고 본다. 또한 셔벗은 원칙적으로 코스에 포함되지 않는 것이 정설이며, 후식 전에 치즈가 서빙되는 것이 전통적인 프랑스 레스토랑의 메뉴 순서이다. 뿐만 아니라 5코스 이상이면 샐러드가, 7코스 이상의 정식요리 메뉴일 경우 치즈가 제공되는 빈도가 높음을 확인할 수 있다. 메뉴의 경량화(light frame) 추세로 생선코스를 대신해서 소량의 파스타가 제공되기도 하며, 5코스 이상일 경우 수프는 맑은(clear soup) 것을 제공하거나 삭제되기도 한다.

2. 일품요리 메뉴(a la carte menu)

일품요리 메뉴(a la carte menu)는 각 아이템마다 각각의 가격이 정해져 있어 고객은 원하는 아이템만 선택하고 선택한 아이템에 대해서만 가격을 지불하게 구성된 메뉴를 말하는데 이것은 표준차림표(standard menu)라고도 한다.

정식메뉴처럼 여러 가지 메뉴를 조립한 것이라면, 좋아하지 않는 메뉴가 코스에 포함되어 있는 경우 원하는 음식이 아니라도 금액을 지불해야 하는 불편이 있으므로 자기에게 맞는 분량만 주문할 수 있게 고안된 것이다.

일품요리 메뉴의 유래는 서기 1792년 프랑스혁명 이후로 거슬러 올라간다. 그 당시 파리에 많은 외국정부의 대표들이 모여 호텔에서 장기간 체류하고 있었는데 호텔의 식사는 정식 메뉴였기 때문에 그들은 매일 반복되는 똑같은 메뉴에 권태를 느끼게 되었다.

<그림 2-1> **풀코스 디너메뉴의 예**

FULL COURSE DINNER
25,000원
(one choice from each category)

APPETIZERS

Fruit Cup with Port Wine Consomme Profiteroles
Prosciutto Ham with Seasonal Fruits Soup of the Day
Homemade Seafood Bisquet

SALADS

Spanish Salad Tossed Green Salad with Sesame Seed House Dressing

ENTREES

Supreme of Chiken
With Wild Mushroom Sauce
Prim Rib of Beef
Yorkshire Pudding, Creamed Horseradish

Charbroiled Filet Mignon
Sauce Bearnaise

Fresh Fish of the Day

Grilled Veal Medallion
With Sage Butter Sauce
Dover Sole Meuniere
Sauteed with Lemon Butter
Included with Your Entree
Fresh Vegetables of the Day

DESSERS

Fresh Homemade Ice Cream Caramel Custard
Selections of the Day

그러나 음식을 판매하는 레스토랑이 없었으므로 친지나 친구의 초청을 받아서 가정에서 식사를 할 경우에 자기 식성에 맞는 식사를 할 수 있는 정도였다. 이 무렵 수프를 만들어 파는 음식점이 생겼으며 처음에는 아무렇게나 끓여서 며칠씩 묵은 딱딱한 빵과 같이 판매하였다. 이것이 인기를 얻으면서 차츰 진보되어 수프에 고기, 야채 등을 넣고 끓여서 대중에게 제공하게 됨으로써 그 명칭이 'Restaurant'이라 불리게 되었다. 오늘날 일품요리 메뉴란 식성대로 한 가지씩 선택하여 주문하는 요리를 말하는데, 이것이 일품요리를 만들어 제공하는 유래가 되었다.

일품요리 메뉴는 레스토랑에서 개별적으로 가격과 코스가 책정된 것으로 각 코스 내에서 고객이 선택한 요리를 제공하는 형태이다. 고객의 요구나 취향에 따라 요리를 선택하도록 고안되었기 때문에 결과적으로 그 구성은 가장 전통적인 정식(classocal formal dinner) 식사의 순서에 따라 몇 가지씩 요리품목을 명시한 것이 된다. 현재 각 레스토랑에서 사용하는 메뉴는 대부분 일품요리 메뉴의 형태라 할 수 있다.

일반적으로 일품요리 메뉴는 전채 → 수프 → 생선과 해물 → 메인 → 샐러드 → 후식의 순으로 구성되어 있다. 주로 고급 레스토랑에서 많이 이용되고 있는 메뉴로 다음과 같은 장·단점을 가지고 있다.

<표 2-3> 일품요리의 장·단점

일품요리 메뉴 장점	일품요리 메뉴 단점
① 고객의 기호에 따른 다양한 메뉴 선택 ② 개별적인 요리품목의 구성이 가능 ③ 높은 객단가를 유지 ④ 일별, 월별, 계절별로 다양하게 메뉴를 구성할 수 있음 ⑤ 요리의 가격이 개별적으로 계산됨 ⑥ 직원들의 서비스 능력을 배양할 수 있음	① 가격이 비쌈 ② 인건비가 높음 ③ 낭비가 많음 ④ 식자재의 관리가 어려움 ⑤ 메뉴의 관리가 어려움 ⑥ 메뉴에 대한 지식이 없는 고객에게는 주문할 아이템의 구성이 어려움

3. 콤비네이션 메뉴(combination menu)

콤비네이션 메뉴는 변형 주문식 메뉴(semi a la carte)라고도 하며 정식요리 메뉴와 일품요리 메뉴의 장점만 혼합한 메뉴로 요리 중에서 몇 가지는 가격에 관계없이 선택할 수 있지만, 다른 몇 가지는 개별적으로 선택하여 먹을 수 있는 것을 말한다. 중국 레스토랑이나 특정국가의 고유 메뉴(ethnic menu)를 판매하는 레스토랑에서 많이 사용하고 있다.

최근에는 좀더 변형하여 전채(appetizer)와 디저트(dessert), 샐러드(salad)는 뷔페(buffet) 형식을 갖추고 주요리만 고객의 취향에 따라서 주문할 수 있는 메뉴가 개발되어 메뉴의 다양성과 유연성으로 고객의 욕구를 충족시키고 있다.

연회 메뉴(banquet menu)는 연회예약을 접수할 때 행사내용 또는 주최측의 요구에 따라 다양한 음식유형, 조리방법, 연회비용, 고객의 수, 좌석배치, 서비스 유형, 리셉션의 소요시간과 기타 사항들을 조정하여 정식요리 메뉴 또는 일품요리 메뉴로 구성되므로 콤비네이션 메뉴의 범주에 속할 수 있다.

연회메뉴 작성 시 주의할 점은 다음과 같다.

① 연회의 기능을 확인하여 연회 메뉴를 계획한다.
② 종사원 지시사항을 상세히 기록하여 고객만족 및 감동을 위한 서비스 제공한다.
③ 인원 채용을 포함한 연회 시 필요한 기구에 대한 세부사항을 고려한다.
④ 장소안내 카드, 연회장 배열, 시청자 기기, 화분 등에 대한 고객의 세부적인 요구사항을 고려한다.
⑤ 고객수에 맞는 홀의 크기와 장비를 고려한다.

<그림 2-2> 연회메뉴의 예

*

Morro Bay Shrimp Cocktail California Fruits au Kirsh
Freshly Squeeaed Orange Juice Chilled Tomato Juice

*

Lobster Bisquet Chicken a la Reine
Consomme Madrilene

*

Poached Filet of Pacific Sole Marguery

*

Roast Capon with Chestnut Dressing
Broiled Nevada Lamb Chops, Mint Sauce
Roast Sirloin of Beef au Jus
Baked Virginia Ham, Champagne Sauce
Early June peas au Beurre Duchess Potatoes

*

Limestone Rolls and Butter

*

Cafe Noir

1인당 55,000원

제2절 메뉴 유지시간에 따른 분류

메뉴의 유지시간에 따른 분류는 세분화하여 3단계로 재구성할 수 있는데 첫째, 고정적 메뉴와 둘째, 순환적 메뉴, 셋째, 시장메뉴로 구분할 수 있다. 각 유형별 특징 및 장단점은 다음과 같다.

1. 고정메뉴(fixed, static, standardized menu)

고정메뉴는 일정기간(6개월~1년)을 똑같은 메뉴가 변하지 않으면서 반복적으로 제공하는 메뉴로서 full-time menu라고도 한다. 이 메뉴는 정식요리 메뉴, 일품요리 메뉴, 콤비네이션 메뉴를 포함하는 것으로 패스트푸드업체, 스테이크하우스, 디너하우스 등 일반 레스토랑에서 제공하는 메뉴이다.

고정메뉴가 주어진 기간 동안 같은 메뉴만을 반복하여 사용하기 때문에 원가가 절감되고 생산성이 높아진다는 장점이 있는 반면에 원가와 패턴의 변화에 유연성 있게 대처할 수 없다는 단점이 있다. 일단 고정메뉴가 개발되고 체계화되면 지속적으로 이용되나 제공하려고 하는 새로운 품목을 모색하지 않아도 된다는 뜻을 의미하지는 않는다. 다만 이러한 유형의 메뉴가 성공적일 때에는 이를 계속해서 이용할 수 있다.

2. 순환메뉴(cycle menu)

순환메뉴는 특정기간을 주기로 메뉴를 교체하여 적용하는 메뉴로 일정기간을 정해서 몇 가지 메뉴를 순환시키기 때문에 순환적 메뉴 (revolving menu)라고도 한다. 순환메뉴는 보통 7일이나 21일 주기, 혹은 1개월 등으로 나누어 순환되기도 하고, 사계절에 따라 순

환되기도 한다. 단체급식을 주로 취급하는 학교, 병원, 기타 기관, 또는 산업체 등에서 가장 보편적으로 이용된다.

3. 시장메뉴(market menu)

시장메뉴는 특정 시기동안의 이용 가능한 식재료에 바탕을 두고 있는 메뉴로서, 특징은 성수기 때 질좋고 저렴한 식재를 선택하여 합리적인 가격결정이 이루어짐에 따라 선호되는 메뉴이며, 제한된 이용 가능성과 상품의 소멸성 때문에 단기적인 메뉴라고도 한다. 원가 및 품질관리에 유리하고 계절메뉴 등을 선보일 수 있으나 메뉴개발과 재료 구입에 있어서 다양성과 복잡성이 요구된다.

<표 2-4> 유지시간에 따른 메뉴 유형별 장단점

구분	고정메뉴	순환메뉴	시장메뉴

장점	• 노동력감소, 재고감소
	• 효율적인 통제,
	  훈련의 감소
	• 각 메뉴품목의 양과
	  질의 가치 성취
	• 잔여음식감소,
	  원가감소
		• 재고감소, 훈련감소
		• 메뉴 생산예측과
		  효율적 통제
		• 잔여음식의 효과적인
		  사용
		• 노동력 감소
			• 메뉴의 권태로움 제거
			• 신메뉴 아이디어의
			  시장성 부여
			• 잔여음식의 처리가 용이

단점	• 타 메뉴 제공에 대한
	  융통성 결여
	• 잔여음식의 활용성 적다.
	• 구매의 경직성
	• 메뉴의 권태로움
	• 계절변화에 따른
	  융통성 결여
	• 시장 제한
		• 주기적 변화가 빈번할
		  경우 메뉴에 대한
		  권태감
		• 많은 수의 메뉴항목이
		  재고에 포함
		• 고도의 숙련된 인력의
		  요구
		• 인쇄 및 잡비용의 증가
			• 고도의 숙련된 스텝진
			  요구
			• 인건비의 증가
			• 메뉴인쇄 및
			  잡비용의 증가
			• 재고 및 재고사항의
			  증가
			• 통제력의 결여

제3절 메뉴가 제공되는 시간대에 따른 분류

1. 아침식사(breakfast) 메뉴

아침에 제공되는 요리를 총칭하는 것으로서 보통 오전 10시까지 제공되는 메뉴를 말한다. 특히 아침식사 서비스는 하루를 즐겁게 할 수 있다는 점에서 세심한 주의가 필요하다. 아침식사는 최근에 들어 많은 변화를 가져왔는데 좀더 가볍고 건강을 생각한 메뉴로서 구성되며 주로 과일, 시리얼, 계란, 빵, 죽 등을 이용한다.

1) 미국식 아침식사(American breakfast)

Coffee, Chilled fruit juices, Toast, Rolls or muffins, Butter, Jam or marmalade가 기본적으로 서브되며 그밖에 Cereal, Egg dishes, Grilled ham or bacon, Chop or steak가 준비된다.

일반적인 American Breakfast의 제공형태는 다음과 같다.

Juice → Cereal → Eggs with(Ham, Sausage, Bacon) → Toast Bread → Beverage

2) 영국식 아침식사(English breakfast)

Coffee 대신 Tea가 서브되지만 고객기호에 따라 Coffee도 준비되어 있고 Beverage, Marmalade, Honey, Hot toast 혹은 Rolls butter가 제공된다. 주문을 하면 Porridge, Boiled 혹은 Fried eggs, Haddock, Fried sausage, Tomato 혹은 Bacon, Black pudding 그리고 Mutton chops 등이 서브된다.

일반적인 English breakfast의 제공순서는 다음과 같다.

Juice → Cereal → Fish → Egg → Toast bread → Beverage

3) 대륙식 아침식사(continental breakfast)

미국식 조식보다 간단하여 가격이 저렴하다. 주로 Coffee에 Tea 나 Chocolate도 가능하고 Breads, Rolls, Croissant 등의 빵류 에 Butter, Jam, Honey가 곁들여진다.

일반적인 Continental breakfast의 제공순서는 다음과 같다.

Juice → Toast Bread → Beverage

4) 아침식사 뷔페(breakfast buffet)

단체 관광객이나 단체 모임이 많은 호텔에서 제공하는데 시간을 정하지 않아 고객이 선호한다. 주스, 곡물류, 샐러드, 페이스트리, 과일, 소시지류, 음료 등이 서브된다.

2. 브런치메뉴(brunch menu)

브런치는 Breakfast와 Lunch의 합성어(아침과 점심)로 공휴일 이나 일요일에 늦게 일어난 사람들이 아침 겸 점심의 병용 식사 형 태이다. 주로 12시 이전까지 제공되는 메뉴로서 과일, 빵, 달걀, 육 류 등 다양하게 제공한다.

3. 점심메뉴(lunch menu)

점심시간에 제공되며 아침이나 저녁메뉴와 같이 전형적인 메뉴를 제공할 필요가 없으며 회전율을 높이기 위해서 보다 축소된 메뉴를 구성할 수 있다. 영국에서는 아침과 저녁 사이에 먹는 것을 Lucheon 이라 하고, 미국에서는 12시부터 아무 때나 간단하게 먹 는 것을 Lunch라고 한다. 주로 샌드위치, 샐러드, 면요리도 적당하 고 일품요리를 폭넓게 선택할 수도 있는데, 그 중에서 풀코스 메뉴를 선정해 구성해도 된다.

<표 2-5> Breakfast buffet 메뉴의 예

Buffet Breakfast Menu

A selection of chilled fruit(orange, grapefruit, apple, pineapple, tomato), vegetable and ginseng Juice

Assorted seasonal fresh fruits

Selection of cereals with dried fruits and berries

Chilled skimmed, soya or white milk

Choice of yoghurt

Birches muesli

International cheese platter

Homemade cold cuts

Pine smoked salmon with condiments

Seasonal lettuce with dressing

Assorted breakfast bakeries

Danish pastries, rolls, croissant, muffin, toast, wheat, and walnut, bread, fruit preserves, marmalade, honey, butter and margarine

Boiled egg

Choice of fried egg

Choice of omelette(ham, bacon, mushroom, cheese, vegetable), scrambled egg, sausage, srisp bacon & egg benedict, pancake, wheat french toast, breakfast waffle, blintzest(sweet cream cheese crepes)

Oriental station

Miso soup with condiments, abalone porridge, turnip soup with condiments, salmon teriyaki steamed rice, kimchi, turnip kimchi

---

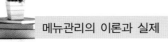

4. 정찬메뉴(dinner menu)

저녁식사는 내용적으로나 시간적으로 충분한 시간과 양질의 재료로 요리한 식사로서, 하루 중 가장 비중 있고 중요한 식사라고 말할 수 있다. 대부분의 레스토랑에서는 90% 이상이 일품요리(a la carte)로 구성되어 있으면, 풀코스의 메뉴수는 예전에 비해 축소되는 경향이 짙다. 또한 파스타도 저녁메뉴로 선택하기도 한다.

저녁메뉴는 그 구성이 다양하고 고급스럽기 때문에 값이 비싼 편이지만 비교적 고객은 격이 있고 질이 높은 메뉴를 즐길 수 있다. 주로 해산물, 고기요리 등 전통적인 메뉴에 다양한 디저트와 칵테일, 포도주 등으로 구성한다.

5. 서퍼메뉴(supper menu)

늦은 저녁식사 또는 밤참의 형태로 사용되는 메뉴로서 각종 모임이나 음악회, 공연 등 행사 후에 이용되는 가벼운 음식을 2~3코스로 구성된다. 이 경우 메뉴의 질은 우수하고 소화가 쉽게 되는 것으로 식재료와 조리법을 고려하는 것이 좋다.

<그림 2-3> 시간대별 메뉴의 종류

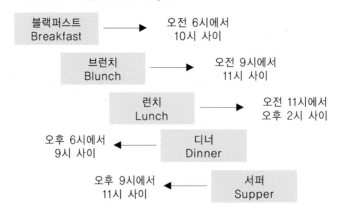

Chapter 03

메뉴의 계획관리

제1절 메뉴 계획의 기본 개념

1. 메뉴 계획의 의의

고객의 생활양식과 환경이 변화함에 따라 소비형태도 변화한다. 외식사업 역시 고객의 기호와 수요의 변화에 탄력성 있게 대응하여야 한다.

메뉴 계획은 고객만족을 통한 이익의 극대화라는 목표에서 시작되는 마케팅의 출발점이다. 따라서 레스토랑의 콘셉트와 사명을 정확히 설정하고 이에 따른 사항들을 정확히 반영시켜야 하므로 성공적인 레스토랑의 운영을 위한 관리자의 가장 중요한 관리항목 중의 하나라고 할 수 있다. 또한 메뉴는 레스토랑의 경영 콘셉트를 구현하는 대표적인 수단이므로 서비스, 시설, 고객의 욕구와 요구 등을 포함한 레스토랑의 의사가 명확히 표현되도록 계획 관리되어야 할 것이다.

메뉴 계획이란 '업종 및 업태별 특성과 영업방법에 따라 고객에게 제공되어지는 음식의 종류와 가격을 결정하여 고객만족을 통한 조직의 목표를 달성할 수 있도록 준비하는 일련의 기획과정'을 말한다.

주방에서 생산되는 모든 메뉴상품은 메뉴 계획의 내용에 따라 고객이 직접주문을 하게 되고, 주문내용의 요구사항에 따라 정확하게 전달되도록 생산되어져야 한다. 또한 관리자는 메뉴 계획 시 새로운 메뉴를 제공하는 이유를 분명하게 제시하여야 한다. 그 이유가 평균 고객수를 증가시키기 위함인지, 새로운 고객의 유인이 목적인지, 혹은 현 고객시장을 개척하기 위해서인지 그 이유에 따라서 메뉴의 내용이 분명 달라질 수 있으므로 고객과 그들이 좋아하는 음식에 대한 풍부한 지식을 갖고, 그들을 관리하고 운용할 수 있어야 한다.

메뉴 계획은 각종 요리와 그 기본조리법, 서비스 방법에 대한 지식과 음식의 영양가에 대한 이해와 구성에 관한 미식적인 감각을 지녀야 하며, 메뉴 계획에 따른 비용도 간과할 수 없으므로 고객의 부담을 덜어주고 주방에서도 원가에 맞게 계획하는 경제적 요소도 필요하다. 레스토랑, 주방, 설비, 인원 등을 고려하여 정해진 시간에 음식을 조리하여 제공할 수 있는 실제적인 측면도 계획되어야 할 것이다.

성공적인 메뉴 계획은 제공될 다양한 종류의 상품을 판매하기 이전에 어떤 고객에게 어떤 재료를 가지고, 어떻게 조리하여, 어떤 가격으로, 어떠한 시설과 서비스로 판매할 것인가를 사전에 종합 검토하는 것으로, 고객이 원하는 아이템과 조직의 목표를 달성할 수 있는 아이템의 선정 등 의사결정 활동을 포함하는 것이다. 즉 음식을 잘 만드는 기능인보다 체계적인 관리로 비용을 최소화하고 고객의 욕구와 필요를 기장 경제적인 방법으로 충족시킬 수 있는 기능과 관리적인 능력을 겸비한 관리자만이 관리와 마케팅도구로 메뉴를 관리할 수 있다.

2. 메뉴 계획 기본원리

메뉴 계획은 각종 요리와 조리법, 서비스 방법에 대한 지식이 요구된다. 음식의 영양가에 대한 이해와 음식의 심미안적 감각을 지녀야 한다. 다른 어떤 예술과 마찬가지로 메뉴 계획은 세심한 계획과 관리의 목적에 따라 몇 가지 원칙이 요구된다.

1) 미식적 측면(gastronomic aspects)

메뉴는 단편적으로 짜기보다는 전체적인 조화를 이룰 수 있는 음식의 색상, 재료, 질감 등을 고려하여 계획하여야 한다.

2) 경제적 측면(economic aspects)

메뉴를 계획할 때에는 비용을 전혀 생각지 않고 짜서는 안 된다. 식당 경영 콘셉트와 고객의 수준에 맞게 목표 고객에게는 부담이 덜되고 주방에서는 원가에 적정하게 계획되어져야 한다.

3) 실제적 측면(practical aspects)

식당, 주방, 설비, 인원 등을 고려하여 정해진 시간 내에 음식을 조리해 낼 수 있는지, 서비스 형태에 맞는 메뉴인지를 알아서 메뉴를 계획하여야 한다.

제2절   메뉴 계획 관리활동

1. 메뉴 계획 관리

메뉴 계획은 전반적 운영상의 지식을 요구하는 아주 복잡한 업무이다. 메뉴는 서비스(정식, 일품, 고정, 순환 메뉴 등)가 정해져 있고 아침, 점심, 저녁 또는 특선메뉴 등의 메뉴 형태가 이미 정해져 있다. 따라서 대부분 메뉴 계획 업무는 기존 메뉴를 위한 신규 아이템을 선정하는 것으로 이루어진다. 그러나 메뉴 계획 업무를 처음부터 실행하는 경우는 드물며 대부분의 메뉴 계획자는 기존의 메뉴를 개선하는 경우가 많다. 메뉴 계획자는 어떻게 신규품목을 선정하는 다음 세 가지 원칙이 기본이라 할 수 있다.

1) 고객에 대한 이해(knowing your guests)

메뉴의 계획은 고객을 잘 이해하는 것에서 출발해야 한다. 어떤 부류의 고객이 우리의 레스토랑에서 식사할 것인가, 고객들이 음식 값으로 얼마나 지불할 것인가 등의 목표고객의 특성을 이해하여야 한다. 또한 고객은 무엇을 먹고 마시길 원하는가 등의 고객의 기대 와 요구를 파악할 수 있어야 한다.

일부 메뉴 계획자는 자신의 기호가 고객의 기호와 동일하다고 생 각하는 경우가 있는데 이는 잘못된 생각이다. 메뉴를 선정할 때 자 신의 기호가 아닌 고객의 기호가 고려되어야 한다. 고객의 기호는 고객과의 인터뷰, 설문조사, 고객카드, 생산과 판매기록 등을 통해서 파악할 수 있다.

2) 레스토랑 운영형태

레스토랑운영의 형태는 어떤 메뉴가 적절한가를 결정하는데 도움 이 된다. 적어도 아래의 다섯 가지 항목은 어떤 메뉴를 제공할 것인 가에 직접적인 영향을 미친다.

(1) 테마 또는 요리의 형태

레스토랑의 테마나 요리형태는 어떤 메뉴의 선정이 적절할 것인가 를 결정하는데 도움이 된다.

(2) 주방장비

메뉴 계획자는 주방장비의 형태와 조리능력을 반드시 알아야 한 다. 굽거나, 찌거나, 볶거나, 튀기는데 필요한 장비가 있으면 메뉴 계획자는 많은 메뉴 아이템을 선정할 수 있다.

메뉴를 계획할 때는 주방장비에 맞추어 업무분담을 고루 분산해야 하는데, 예를 들면 대부분의 주요리 및 전채요리가 튀기는 경우라면 오븐이나 브로일러는 사용빈도가 낮은 반면 튀김용 장비는 지나치게 사용될 것이다. 따라서 메뉴 계획은 레스토랑의 조리방법과 주방장비의 상관관계를 고려하여 결정하여야 한다.

(3) 인력

종업원의 수나 그 기술은 메뉴에 어떤 품목을 사용할 것인가를 결정하는데 도움이 된다. 메뉴 계획자가 조리사의 능력을 초과한 품목을 메뉴의 내용에 포함하게 될 경우 많은 문제점이 발생될 수 있다. 또한 주방장비와 마찬가지로 인력을 편중되게 배치되지 않도록 세심한 주의를 꾀하여야 한다. 주의 깊은 메뉴품목의 선정은 인원의 업무 부담을 고르게 분배할 수 있다.

(4) 음식수준의 기준

모든 메뉴품목은 레스토랑 운영기준에 적합하여야 한다. 메뉴 계획자는 적절한 질을 유지하여 준비할 수 없는 아이템이 메뉴에 포함되지 않도록 하여야 한다.

(5) 예산

메뉴 계획자는 메뉴 계획 시 반드시 예산을 인지해야 한다. 그렇지 못할 경우 이익을 창출할 수 없으며 예산범위 내로 생산가를 낮추지 않으면 비용을 최소화할 수 없다.

3) 아이템 선정(selecting menu items)

메뉴의 코스는 전채, 샐러드, 주요리, 전분음식(감자, 밥, 파스타 등), 야채, 디저트, 음료로 구분할 수 있다. 메뉴 계획자는 이러한 범주 내에서 새로운 메뉴를 구성하고 또한 기존메뉴를 개선하여야 한다.

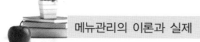

메뉴아이템 선정의 기술과 과학적 방법에 대한 내용을 정리하면 다음과 같다.

(1) 기존메뉴

대부분의 레스토랑은 기존메뉴는 한때 선호도가 있었으나 현재는 선택빈도가 낮은 메뉴아이템으로 보유하고 있다. 따라서 이러한 메뉴들을 개선하여 새로운 아이템을 선정할 시점인가를 고려하여야 한다.

(2) 서적

외식서비스 분야에서 양목과 신규 메뉴아이템을 집중 연구한 서적을 활용한다.

(3) 잡지

디자인 등 인접영역이 잡지에서 양목 또는 신규 메뉴아이템을 찾을 수 있다.

(4) 가정용 요리책

가정용 요리책이 샐러드, 수프, 가니쉬, 주요리 및 디저트에 대한 많은 아이디어를 제공할 수 있다. 양목은 대량생산이 가능토록 수정되어야 한다.

시장조사를 통하여 고객이 좋아할 것이라고 알려진 메뉴아이템만 메뉴에 포함되어야 한다. 메뉴아이템이 고객이 원하고 레스토랑에서 생산할 수 있는 아이템으로 한정되면 메뉴를 위한 아이템선정을 비로소 시작할 수 있다고 볼 수 있다. 또한 실제 메뉴 계획에 있어 고려되어야 하는 측면은 어떤 메뉴의 코스가 가장 먼저 고려되어야 하는가이다. 우선권을 가지고 있는 음식들과 식사들이 있을 수 있기 때문에 계획하는 데 있어 가장 먼저 고려되어야 한다. 메뉴가 계획될 때마다 전후관계를 따르는 것이 좋다.

2. 메뉴 계획의 과정

1) 메뉴 계획의 진행과정

메뉴 계획의 진행과정은 기존 메뉴의 평가, 메뉴변경 및 신메뉴 개발의 테마를 명확히 하여 레스토랑의 경영 콘셉트를 확인하고 목표고객의 욕구파악 과정을 거친다.

다음으로 메뉴개발 아이디어를 수집하여 메뉴시안을 결정하여 고객의 평가 및 검토를 거쳐 최종 메뉴를 결정하는 과정으로 진행한다. 검증과정을 통해 결정된 메뉴아이템은 사업적 균형, 심미적 균형, 영양적 균형이 맞아야 한다.

(1) 사업적 균형(business balance)

사업적 측면은 음식비용과 메뉴가격, 선호도 및 다른 비용과 마케팅에 대한 고려이다. 일반적으로 레스토랑에서는 메뉴가 반드시 이익을 내야하며, 메뉴는 이 목표를 전제로 검토되어야 한다. 즉 고객에게 경제적으로 부담을 줄이면서 원가를 고려하여 계획하여야 한다.

(2) 심미적 균형(aesthetic balance)

심미적 측면은 음식의 색상, 텍스추어, 맛과 향 등을 얼마만큼 고려하여 음식을 준비하느냐의 문제이다. 음식의 색상은 음식을 돋보이게 하는데 매우 중요한 요소이다. 2~3가지의 색상의 조화가 이루어진 음식은 한 가지 색으로 구성된 음식보다 먹음직스럽게 만든다. 또한 음식은 다양한 텍스추어를 가진 아이템으로 구성되어야 한다. 일반적으로 단단한 주요리는 부드러운 곁들임을 필요로 하며, 부드러운 주요리는 바삭바삭한 아이템이 곁들여져야 한다. 음식의 맛과 향을 조화시킨다는 것은 경험뿐만 아니라 음식의 전통적 조화를 이해해야 한다.

(3) 영양적 균형(nutritional balance)

역사적으로 영양학적인 측면은 일반 레스토랑보다 단체급식에서 중요시되어 왔다. 그러나 현재는 건강을 생각하는 웰빙(well-being) 성향이 레스토랑경영에도 중요한 콘셉트로 작용하고 있으므로 메뉴 계획자는 제공되는 음식이 영양학적으로 잘 설계되어 있다는 것을 확신해야 한다. 영양학적 측면은 많은 고객들에게 중요시되고 있으며 이는 레스토랑 관리자에게도 중요한 부분이다.

〈그림 3-1〉은 메뉴 계획 진행과정을 그림으로 나타낸 것이다.

2) 메뉴 계획의 점검

메뉴 계획의 모든 요소들을 감안하여 마지막으로 점검할 필요가 있다. 메뉴의 수평과 수직라인을 재점검하여 메뉴가 마무리되기 이전에 모든 측면들을 고려하는 것이 중요하다. 특히 새로 개업하는 레스토랑의 경우 첫 몇 주 동안에 제공될 수 있으며, 계획된 메뉴에서 수정하고 조정하는 것이 필요하다. 또한 향후 변화와 예기치 않은 상황에 대비하기 위하여 메뉴변화의 융통성까지 고려하여 계획되었는지 점검해야 한다.

메뉴 계획 점검을 위한 체크리스트는 다음과 같다.

<그림 3-1> 메뉴 계획의 진행과정

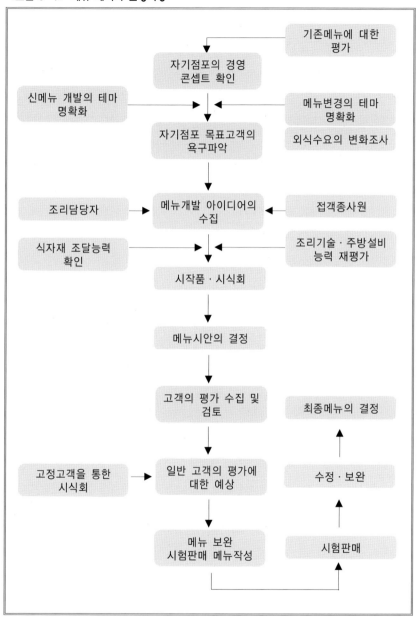

자료 : 손일락, 미래의 식당경영, 형설출판사, 1993, p.169.

<표 3-1> 메뉴 계획을 위한 체크리스트

체크	항목
( )	메뉴는 경영자의 목표와 목적에 적합하게 구성되어 있는가?
( )	메뉴는 메뉴패턴에서 계획된 모든 선택안들을 포함하고 있는가?
( )	메뉴는 최저가격과 최고가격의 음식들로 조화롭게 구성되어 있는가?
( )	장비와 시설들이 적절히 이용되는가?
( )	직원을 효과적으로 이용되는가?
( )	메뉴에 계절음식들이 효과적으로 이용되고 있는가?
( )	계획한 모든 메뉴음식들을 일정한 시간 내에 생산할 수 있는가?
( )	메뉴가 바라는 영양요구량을 포함하고 있는가?
( )	메뉴가 영양관점에서 잘 조화되어 있는가?
( )	메뉴의 색상조합이 잘 계획되었고 매력적으로 만족스러운가?
( )	메뉴가 여러 농도와 질감을 가진 음식들로 구성되어 있으며, 조화로운 식사를 제공하는데 문제가 없는가?
( )	가니쉬와 사이드디쉬들은 매력적이고 호소력이 있는 것들인가?
( )	조화된 식사를 제공하기 위한 선택된 맛이 훌륭한가?
( )	음식은 서로 다른 유형과 크기로 선택되어 있는가?
( )	음식이 조리방법에 따라 적절히 분포되어 있는가?
( )	메뉴는 핫음식과 콜음식으로 적절히 구성되어 있는가?
( )	음식의 선호도나 인기성에 따라 제공될 수 있는 음식들로 구성되어 있는가?
( )	같은 날이나 주에 중복되거나 반복되는 음식들로 구성되어 있지 않은가?
( )	전체 메뉴의 품질이 높고 매력적이며 각각의 식음료를 잘 관리할 수 있도록 되어 있는가?

자료 : 김기영 외 2, 외식산업관리론, 현학사, 2003, p.163.

3. 메뉴 계획 시 고려사항

메뉴 계획은 호텔레스토랑이나 전문 레스토랑의 영업 전반에 영향을 미친다.

각 영업장의 입지조건과 판매 표적시장 및 고객의 동향을 철저히 분석한 후 고객의 욕구를 충족시킬 수 있는 메뉴 계획이 필요하다. 창조적이고 성공적인 메뉴가 되기 위해서는 메뉴를 계획하는 단계에서부터 다양한 요인들을 고려하여야 한다. 물론 수많은 요인들을 경영하는 레스토랑에 모두 적용한다는 것은 현실적으로 불가능할 것이지만, 가능한 모든 고려사항을 검토하여 의사결정에 활용할 수 있도록 노력하여야 할 것이다.

메뉴 계획 시 고려사항으로 1980년 마이클 스몰(Michael small)은 미시적인 관점과 경제적인 관점 및 실용적인 관점으로 구분하여 설명하고 있다. 첫 번째 미시적인 관점(gastronomic aspect)에서는 전체적인 조화와 색상, 질감, 재료 등을 다양하게 배합하고, 두 번째로 경제적인 관점(economic aspect)에서는 레스토랑과 고객의 수준이 조화될 수 있도록 설계하며, 마지막으로 실용적인 관점(practical aspect)에서는 레스토랑, 주방, 설비, 인원, 조리, 시간, 서비스 형태에 맞는 메뉴 등을 고려하여 계획하도록 설명하고 있다.

또한 1991년에 칸(Mahmood A. Khan)은 경영자 측면과 고객측면으로 설명하고 있다. 즉 고객측면으로는 영양적인 욕구, 음식에 대한 습관과 기호, 음식의 특성(색깔, 농도, 질감, 맛, 조리방법, 온도, 서비스 방법 등)을, 경영자 측면으로는 조직의 목표, 목적, 예산, 식자재 공급여건, 설비와 기물, 종사원의 서비스수준, 생산과 서비스 유형으로 설명하고 있다.

메뉴를 계획하기 전에 고려해야 할 사항들은 여러 가지 요인에 따라 적용되는 경우가 다르지만 관리자 측면과 고객의 측면으로 구분한 칸의 연구 모형을 중심으로 메뉴 계획 시 고려할 사항을 살펴보도록 한다.

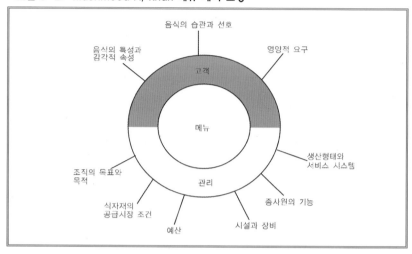

<그림 3-2> Machmood A, Khan 메뉴 계획 모형

자료 : Machmood A, Khan(1991), Concepts of Foodservice Operarions and Management. 2nd ed.. VNR p.41 : Idem(1993), VNR's Encyclopedia of Hospitality and Tourism, VNR, p.89,

1) 관리자 측면

(1) 조직의 경영목적과 목표

메뉴는 조직의 목표를 반영할 수 있어야 하고 레스토랑의 원활한 서비스를 위해 필요한 것을 반영할 수 있어야 한다. 영리를 목적으로 하는 레스토랑의 궁극적인 목표는 모든 자원을 합리적으로 이용하여, 경제적으로 고객을 만족시킴과 동시에 이윤을 극대화를 유지하는데 있다. 따라서 가장 경제적인 방법으로 고객을 만족시킴과 동시에 비용을 최소화하고 이윤을 극대화하여야 한다.

(2) 식자재 공급시장의 상황

원하는 식자재를 적시에 원하는 식자재를 지속적으로 경제적인 가격에 구매 또는 공급받을 수 있는 시장상황을 의미한다. 메뉴 계획자는 메뉴에 사용되는 식재료가 무엇인지를 인지하고 구입이 가능한 품목과 재고품목을 활용할 수 있도록 하여야 하며, 원가절감을 통한 이윤창출이 이루어질 수 있도록 식자재 구입이 합리적으로 실행되도록 한다. 식재료의 다양성은 요리의 다양성으로 이어지고, 요리의 다양성은 차별화로 이어진다는 점을 고려한다면 누가 더 새로운 식재료를 원하는 때에 원하는 양 만큼을 원하는 가격에 공급받을 수 있느냐가 경쟁의 우위에 설 수 있다. 또한 제철에 공급되는 식자재를 고려하여야 하며 신선한 품목을 위한 구입품목 표를 활용하여 식자재 공급시장의 상황을 파악하여야 한다.

(3) 예산

레스토랑 비즈니스에서 얼마를 지출하느냐가 얼마를 버느냐와 상대적인 식료 원가율에 달려 있다. 예산은 수입금액과 예상수입을 기준으로 각 항목의 수입금액에서 비용이 얼마나 차지하는가의 비율을 결정하는 것이다. 레스토랑 비즈니스에서는 판매가 대비 식재료 원가율이 가장 큰 비중을 차지하므로 예산은 메뉴 계획과정에서 매우 중요하다 할 수 있다.

합리적으로 계획된 메뉴라 할지라도 원가가 높다면 고객은 높은 비용을 지불하게 되어 가격에 대한 부담을 초래하게 되므로 메뉴의 판매부진으로 연결될 확률이 높다. 따라서 메뉴 계획자는 항상 원가의 목표율을 염두에 두어 적절한 이윤의 획득과 동시에 매출을 향상시킬 수 있도록 하여야 한다.

(4) 시설과 장비

잘 꾸며진 주방은 상황에 따라 적합한 규모, 상황에 따라 적합한 동선, 적합한 시설과 도구가 구비된 주방을 말한다.

메뉴의 품질경쟁력을 갖추기 위해서는 각각의 메뉴특성에 적합한 전문설비의 도입이 필요하다. 즉 메뉴상품을 생산해 내는데 있어 적합한 규모와 동선 그리고 시설과 도구가 구비되어야 한다. 또한 조리시간의 단축과 인건비의 절감을 가져올 수 있는 적절한 공간의 주방이 효율적으로 운영되게 해야 한다.

(5) 종사원의 기능

조리사라 해도 메뉴에 있는 아이템을 모두 다 생산할 수는 없다. 그렇기 때문에 주방종사자의 능력과 숫자에 따라 생산할 수 있는 아이템이 선정되어야 한다. 특별한 기술을 필요로 하는 상품을 생산해 내지 못한다면 메뉴 상에 그 음식을 포함시킬 수 없을 것이다. 따라서 직원들의 수용력과 이용 가능성은 메뉴를 계획할 때 반드시 고려되어야 한다. 또한 조리사가 생산한 메뉴를 서비스 직원이 제대로 제공할 수 있는 효율적인 인력규모 및 배치가 고려되어야 한다.

(6) 생산타입과 서비스시스템

레스토랑 공간의 배분, 주방기기와 설비, 생산시설의 동선 등은 생산방식과 서비스방식에 따라 매우 다르게 나타날 수 있다. 왜냐하면 무엇을 어떻게 생산하고 서비스하나의 문제는 고객의 속성에 따라 다르기 때문이다. 그렇기 때문에 이와 같은 중요한 요소는 레스토랑의 콘셉트 개발단계에서 구체적으로 고려되어야 한다.

공간의 배분, 요구되는 주방기기와 설비, 생산시설의 레이아웃 등은 생산방식과 서비스방식에 따라 완전히 바뀔 수 있다. 예를 들어, 준비주방과 서빙주방을 이원화하여 준비하는 주방을 집중화하고 서빙하는 주방을 분산화하는 방식을 말한다.

생산타입과 서비스시스템을 설계하는데 있어 무엇보다도 중요한 것은 먼저 철저한 고객중심의 사고방식을 이해해야 한다는 것이다. 레스토랑기업은 생활수준의 향상, 다양한 가치관, 라이프스타일의 변화, 서비스에 대한 다양한 욕구 등 고객중심 사고에서 표적시장의 욕구변화를 철저하게 분석하여 다양화와 복합적인 만족을 제공하여야 한다.

2) 고객의 관점

판매하고자 하는 상품, 즉 제공하고자 하는 메뉴의 주력 대상층과 그 대상층의 욕구와 경향을 분석해야 한다. 사회경제적 변화 및 수요시장과 공급시장의 변화에 따른 시장의 흐름과 목표고객의 경향을 파악하는 것은 가장 중요한 요소이다. 특히 경제적 합리성보다 심리적 감성을 더욱 중시하는 현대의 고객들은 보다 다양하고 세분화된 메뉴 및 서비스를 원하기 때문이다.

(1) 영양적인 배려

음식이 단지 포만감을 주고 식욕을 채워준다는 이야기는 아주 오래전 이야기이다. 현대의 음식은 영양적 요소에서 기능적인 요소로 바뀌고 있다. 고객에게 균형 있는 영양 특히, 건강에 대한 관심 고조로 기능적인 요소를 제공해야 한다.

메뉴 계획 시 적용되는 영양적인 요소는 모든 사람들의 생활수준에 따라 다르며 대사과정도 연령, 성별, 활동성에 따라 열량 요구량도 다르기 때문에 이를 고려하여야 한다. 특히 최근의 메뉴에 대한 관심은 음식 그 자체보다 자연, 건강, 영양, 맛, 분위기, 조화 등에 미치는 요소들에 대한 관심이 고조되므로 메뉴를 계획할 때 이러한 요인들이 고려되어야 한다.

(2) 음식의 습관과 선호

음식의 선호는 특정음식을 어느 정도 좋아하는가를 말하는 것이며 음식에 대한 개인이 가지고 있는 음식습관과 관련이 있다. 특정 음식에 대한 습관과 선호에 영향을 미치는 요인은 무수히 많다. 그러나 이러한 요인들은 독립적으로 영향을 미치는 것이 아니고 여러 가지 요인들이 복합되어 영향을 미친다.

Mahmood A. Khan의 '음식에 대한 습관, 선호 그리고 수용에 영향을 미치는 요인'에 따라 분류하면 다음과 같다.

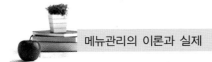
<그림 3-3> 음식에 대한 습관, 선호 그리고 수용에 영향을 미치는 요인

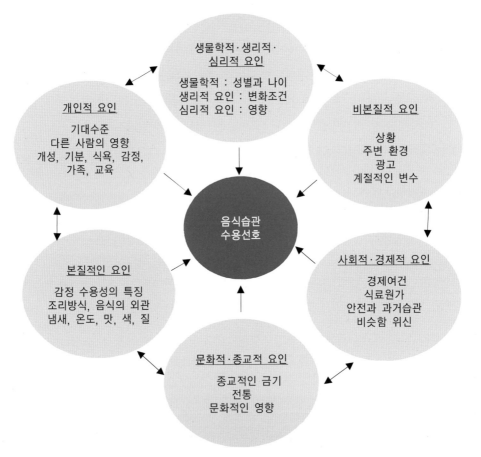

자료 : Machmood A, Khan(1991), Concepts of Foodservice Operarions and Management. 2nd ed.. VNR p.41 : Idem(1993), VNR's Encyclopedia of Hospitality and Tourism, VNR, p.91.

① 생물학적, 생리적, 심리적 요인

● 생물학적

성별과 나이, 유전, 특별한 생리적 조건, 체질 등을 말하는 것으로 특정 음식에 대한 이해, 지각 그리고 식욕 등에도 영향을 받는다.

● 생리적 요인

몸의 상태가 좋지 않아 식욕이 없다든가 시차를 이기지 못해 식욕을 회복하지 못한다든지 등이 신체의 조직과 기능에 대한 변화에 따른 생리적 요인이다.

● 심리적 요인

인간 의식의 작용 및 현상에 관한 정신생활의 변화에 따라 음식의 선호와 지각에 영향을 받는다.

예를 들어 위생, 건강, 체면, 인간과 음식간의 위계, 유행, 종교 등이 심리적 요인이다.

② 비본질적요인

음식의 선호에 영향을 미치는 비본질적(외적) 요인은 다음과 같다.

● 환경

공급 가능성이 없는 식재료는 음식으로 만들 수 없기 때문에 원식재료의 조달과 관련 있는 거시적인 환경측면에서는 지리적 조건과 기후조건이 있다.

그 지역에서 생산되는 식재료를 사용한 음식을 많이 먹어 왔다. 그러나 최근에 들어서는 식재료를 둘러싸고 있는 유통환경, 정치와 경제적 환경, 기술적인 환경은 계절과 장소의 제약을 차츰 없애고 있다.

● 상황적인 기대

기대하는 음식의 품질은 소비될 상황과 관련되어 있다. 음식은 사회, 의식, 또는 종교의 경우와 관련될 때에 좋을 것이라고 기대되기 때문에 연회나 결혼파티에서 제공되는 음식의 질은 좋을 것이라고 기대하게 된다.

예를 들어 음식을 먹기 전에 '사장님이 초대한 레스토랑은 음식이 맛이 있고 특별한 음식일 것이다.' 라는 기대를 가지게 되는 것이 상

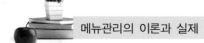

황적인 기대의 일례이다.

● 광고

광고가 음식에 대한 태도에 영향을 미칠 수 있다는 것은 분명하다, 대부부분의 외식업체들은 고객들을 유도하기 위하여 이러한 광고 수단을 이용한다.

고객들은 적절하게 광고되었을 때에 새로운 음식에 쉽게 현혹되기 때문에 메뉴 상에 특별음식들을 광고한다.

● 시간과 계절적 변수

음식의 선택은 음식을 제공받는 시간, 계절, 요일, 외부의 온도, 날씨 등에 영향을 받는다.

예를 들어 비가 오는 날에는 빈대떡이나 칼국수가 선호되고 더운 여름철에는 시원한 냉면이나 빙수 등을 선호한다는 것이다.

③ 사회 경제적 요인

아팠을 때나 일시적 실업상태에 있을 때, 사람들은 식음료에 소비하는 돈을 절약하게 된다.

● 경제여건

이용할 음식을 결정하거나, 경제적인 제약을 해결하기 위하여 일시적 또는 영구적으로 바꿀 때, 고객들은 사회경제적 요인의 영향을 받는다. 선진국과 후진국 모두에 있어, 고객의 음식선택은 그들의 소득과 직접적으로 관련이 있다.

● 안전과 과거습관

음식에 대한 안전의 욕구는 습관적으로 즐겼던 음식을 고수하고 변화에 대해서 저항적이라는 것이다.

● 위신

음식선호도는 같은 인구 통계적 범위에 속하여 있는 사람들은 추종하고, 일치성, 그리고 자신의 명성을 나타내는 수단이 될 수 있다.

또한 자기 연출을 위한 기회로 레스토랑을 선택하는 사람은 음식의 위계와 사람의 위계 사이에 유사성이 있다는 것을 보여준다.

④ **문화와 종교적 요인**

● 종교적인 금기

여러 가지 종교적 제약이 음식선호를 제한한다. 회교도와 유대인은 돼지고기와 돼지고기가 들어간 음식을 먹지 않는다. 종교적 신념이 음식 선호에 영향을 미치기 때문에 식습관이 통제되는 것이다. 메뉴 계획에서 이러한 인구집단들과 그들의 음식선호도를 인식하는 것이 필요하다. 음식 선호도의 차이는 문화들 사이에 존재하고 있다.

● 전통

음식선호도에 대한 영향은 한 세대에서 다음 세대로 이어진다.

● 문화적인 요인

인구집단들과 그들의 음식선호도를 인식하는 것이 필요하다. 음식 선호도의 차이는 문화들 사이에 존재하고 있다.

⑤ **본질적 요인**

음식과 직접적인 관계가 있는 내적 요인으로 다음과 같다.

- 감각수용의 특성
- 조리방식
- 음식의 외관
- 음식의 냄새, 온도, 색, 맛, 질

⑥ **개인적 요인**

● 기대수준

특정 레스토랑의 음식 맛이 없을 것이라고 기대했었는데 먹어보니 맛이 있었다면 그 음식은 더욱 더 선호하게 된다. 반대로 맛있는 음식이지만 기대가 너무 커서 기대를 충족시키지 못했다면 그 음식은 선호하지 않을 것이다.

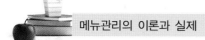

이러한 현상은 어떤 결과에 대해 기대수준이 낮은 사람은 쉽게 만족할 수 있다는 것이다.

● 다른 사람의 영향

가족의 구성원, 친구, 친척, 상사 등이 음식의 선호에 영향을 미친다. 이러한 현상은 음식에 확고한 지식이 없을 때 두드러지는데, 동석한 사람 중에서 음식에 대한 전문성을 가지고 있는 동반자의 영향을 받는다고 한다.

● 개성, 기분, 식욕, 감정

「고객의 기분에 따라 음식 맛은 변화한다.」고 흔히 들 말한다. 즉, 음식의 맛은 고객의 식욕, 기분, 감정에 따라 좌우된다. 그렇기 때문에 유형의 서비스 보다 고객의 식욕, 기분, 감정을 고려한 무형의 서비스가 레스토랑 경영에서 더욱 중요시되고 있다.

● 가족

가족은 사회경제적인 위치, 문화적 배경, 종교적인 배경 등은 메뉴를 결정하는데 큰 영향을 미친다.

● 교육

개인의 교육수준과 전공, 또는 그가 받은 교육의 내용이 개인의 음식선호와 음식 선택에 영향을 미친다.

(3) 음식의 특성과 감각적 속성

● 색깔

색깔의 조합은 관심을 끌 수 있도록 하는 것이 중요하며, 이것은 음식을 선택하는 데에 하나의 기준이 되고, 어느 정도 식욕을 촉진하는 데에도 기여한다. 색깔이 서로 조화가 이루어질 수 있도록 하는 음식의 계획과 배열은 그것이 플레이트(plate), 트레이(tray), 카운터, 또는 샐러드바이건 사이에 있어서 메뉴 계획의 아주 중요한 측면이다. 파슬리 가지나 체리와 같이 가니쉬가 작은 것일지라도 음식의 외관이나 그것의 선택에 광장한 차이를 줄 수 있다. 색깔이 있는 음식은 고객의 시선을 끌게 된다. 고객은 눈에 먼저 띠는 음식을 선택하기 때문에 색깔은 메뉴를 계획하는 데에 있어 고려하여야 하는 중요한 측면이다.

● 조직(texture)과 모양

음식들의 조직(texture), 다시 말해 질감도 고객의 선호도에 영향을 미친다. 음식들은 경질이어서 좋아하기도 하고 연질이어서 좋아하기도 한다. 하지만 연질과 경질의 음식들은 적당히 조합하는 것이 중요하다. 특정음식의 질감과 형태에 대한 인상은 그것을 먹기 이전에 형성된다. 소프트(soft), 하드(hard), 크리스피(crispy), 크런치(crunch), 추이(chewy), 스므스(smooth), 브리틀(brittle), 그리고 그레이니(grainy)는 음식 질감을 묘사하는 데에 이용되는 형용사들이다. 음식의 질감을 다양하게 하는 것이 아주 좋다.

형태도 메뉴의 매력성을 더해 줄 뿐만 아니라 음식들이 제공될 때에 시각적인 효과까지 얻을 수 있다. 여러 형태로 만든 야채와 과일 조각도 매력성을 더해 줄 수 있다. 여러 가지 형태와 크기로 다이스(dice), 컷(cut) 또는 조각(carve)하기 위하여 특별장비는 이용될 수 있다. 당근은 스퀘어(square), 스트립(strip), 서클(circle), 볼(ball), 스크루(screw) 그리고 여러 다른 형태로 자를 수 있다. 혼합 야채들은 색깔을 좋게 할 뿐만 아니라, 플레이트(plate)에 놓았을 때에 음식의 질감이나 매력성을 증가시켜 줄 수 있기 때문에 매력성을 가한 예가 된다. 비록 유사한 상품들일지라도 형태는 하나의 질감만을 가지는 음식의 단조로움을 제거해 줄 수 있다. 질감과 형태는 다양성을 제공하여 주고 음식에 대한 고객의 관심을 고조시켜 준다.

● 농도

농도는 메뉴상품의 점도나 밀도의 정도를 말한다. 러니(runny), 젤라티노스(gelatinous), 패스티(pasty), 씬(thin), 씨크(thick),

스티키(sticky), 그리고 꺼미(gummy)는 농도를 나타내기 위하여 이용되는 형용사이다. 이들 용어들은 소스와 그래이비를 표현하는 데에 이용된다. 음식들은 농도의 다양성을 가하여야 한다.

● 맛

음식들의 맛은 메뉴 계획 시에 아주 중요하게 고려되어야 한다. 음식들은 단맛, 신맛, 쓴맛, 또는 짠맛을 가질 수 있으며, 하나의 맛만 가지고 있을 수도 있고 조합되어 있을 수도 있다. 음식은 특정한 맛만이 강조되는 것은 바람직하지 않고 대조적인 형태와 강도는 메뉴음식의 매력성을 증가시킨다. 부드러운 음식들은 얼얼한 소스들을 첨가함으로써 식욕을 더 촉진시킬 수 있으며, 단맛과 신맛의 혼합이 적합하다. 맛을 자주 시음하여 표준화하는 것은 맛의 조합을 위하여 필요하다.

● 조리방법

메뉴 계획에 있어 조리방법은 고려되어야 한다. 어떤 레스토랑들은 특정 유형의 음식조리를 위한 조리방법이 몇 가지로 제한되어 있다. 대부분의 음식서비스업체들은 여러 가지의 서로 다른 방법으로 음식을 조리할 수 있는 기법들을 가지고 있다. 다양한 음식을 제공하면서 음식조리방법들의 균형 유지를 고려해야 한다.

● 서빙온도

개인이 좋아하는 음식온도는 연령과 다른 인적 요인들로 인하여 다양하다. 메뉴음식으로 뜨거운 음식과 차가운 음식들 모두가 포함되어 있는 메뉴가 바람직하다. 차가운 가즈파초(gazpacho) 애피타이저는 뜨거운 앙뜨레 음식들과 적합하고, 차가운 샐러드는 뜨거운 빵류 음식과도 어울릴 수 있으며, 또는 차가운 샌드위치는 뜨거운 음식들과 더 적합할 수도 있다.

● 제시방법

플레이트, 카페테리아 카운터, 서빙추레이, 테이크아웃패키지, 뷔페테이블, 또는 디스플레이케이스이든지 음식을 마지막으로 담은 모양은 음식의 최종선택에 있어서 중요한 측면으로 메뉴 계획 시에 고려되어야 한다. 고객들은 음식을 그들의 눈으로 구매한다. 그러므로 음식의 높이와 메뉴음식의 전체 모양이 고려되어야 한다. 높은 형태, 낮은 형태, 그리고 형태의 조합이 균형적으로 이루어질 때에 시각적인 효과가 크다.

Ninemeier는 메뉴 계획에서 지피지기(知彼知己 : 적을 알고 나를 아는 것)를 강조하였다. 즉 지(彼 : 고객)와 기(己 : 레스토랑 자체)를 강조하여 성공적인 메뉴를 계획할 수 있도록 개발한 모형이다. 고객, 제공될 아이템의 질, 원가, 유효성(생산과 식자재 공급), 최대생산과 운영문제, 주방시설의 레이아웃 문제, 주방기기의 문제 등을 고려하여야 하는 주요사항으로 세분화하였다.

〈그림 3-4〉의 Ninemeier의 메뉴 계획 모형은 Mahmood의 모형보다 마케팅 측면을 더욱 구체화하였다.

<그림 3-4> Ninemeier의 메뉴 계획 모형

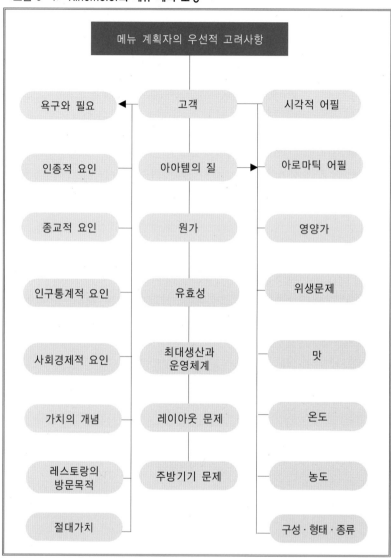

자료 : Jack D. Ninemeier, Principles of Food and Beverage Operations, AH & MA, 1984,
p.115, Anthony M. Rey and Ferdinard Wieland, Managing Service in Food and
Beverage Operations, AH & MA, 1985, p.44.

Chapter 04

메뉴디자인

제1절　메뉴디자인의 개념

1. 메뉴디자인의 정의

메뉴디자인은 메뉴 계획에서 선별된 아이템을 메뉴판을 통하여 어떻게 고객에게 제시하는 것이 가장 이상적인 것일까를 구상하여 실행에 옮기는 것, 즉 메뉴를 마케팅 도구로 정의하여 디자인하는 것이다.

그 과정을 단순히 품목들을 늘어놓는 일이 아니라 고객과의 커뮤니케이션 및 마케팅 도구로 사용되는 것이다. 메뉴는 레스토랑이 고객에게 약속하는 일종의 서약서와 같으므로 메뉴 계획과 동시에 매우 중요한 부분이다. 일반적으로 메뉴를 디자인하기란 쉬워 보이지만 메뉴디자인에 대한 이론적 고찰을 바탕으로 제대로 된 메뉴를 디자인한다는 것은 그렇게 쉬운 일은 아니다. 대부분 메뉴를 디자인하는 사람들은 미적인 면만 강조하고 있으나, 최근에는 미의 화려함보다는 기능(실용성)에서 앞서가는 메뉴가 중요하며 메뉴디자인에 있어서 가장 크게 부각되는 부분이기도 하다.

2. 메뉴디자인의 목적

메뉴 계획과 디자인은 동일시되어야 하고 똑같이 중요함에도 불구하고 식음부분을 관리하는 대부분의 관리자들이 아직도 메뉴 계획과 메뉴디자인을 별개로 취급하는 경향이 있다. 성공적인 메뉴는 메뉴를 계획하는 관계자와 메뉴 디자이너가 긴밀한 관계를 가지고 메뉴를 만들 때만이 가능하다. 고객이 종업원으로부터 메뉴판을 전달받아 본인이 원하는 아이템을 선택하는 과정에서 아이템의 배열과 배치가 적절하지 못하고 메뉴의 설명이 복잡하고 이해하기가 어렵다면, 고객은 아이템의 선택을 포기하거나 중단하고 가격이 가장 싼 아이템을 기준으로 아이템을 선택하게 될 것이다. 즉 여러 가지 아이템 중에서 고객의 시선을 특정한 아이템, 전략적인 아이템으로 유도하여 고객으로 하여금 그러한 아이템을 선택할 수 있도록 만드는 것이 메뉴디자인의 궁극적인 목적이다. 이러한 목표를 달성하기 위해서는 메뉴 계획에서 선정된 아이템에 대한 위치 선정과 배열 순위, 아이템에 대한 설명(메뉴카피), 사용하는 활자, 특정한 아이템을 돋보이게 하기 위하여 일러스트레이션과 그래픽, 그리고 레스토랑의 전체적인 콘셉트, 메뉴의 외형(색상, 메뉴의 모양, 종이 선정)에 대한 여러 가지 조건을 고려하여 메뉴디자인하여야 한다.

3. 메뉴디자인의 개념 변화

오늘날 우리는 다양한 형태의 메뉴디자인을 볼 수 있다. 여러 가지 문양과 일러스트레이션을 이용하는 것은 이미 보편화되어 있으며 날마다 새로운 형태의 메뉴판들이 선을 보이고 있다. 인쇄기술의 발달과 새로운 아이디어로 기발한 메뉴판을 실제 레스토랑에 제공함으로서 고객들의 구매요구를 자극하고 나아가 잠재고객의 창출이라는 새로운 마케팅 전략으로서 메뉴판을 활용하고 있는 것이 요즘의 추

세이다. 예를 들어, 이탈리아 식당에서 빨강, 녹색, 흰색을 기본으로
메뉴판을 작성하여 메뉴 품목을 보지 않고서도 이탈리아 국기에서
오는 이미지를 이용해 손님들에게 이탈리아 음식을 표현하고 있다.
그밖에도 여러 가지 문양을 통해 식당의 이미지를 강조하는가 하면
최근 들어 메뉴 내용에 식당에 대한 소개를 첨부함으로써 식당에 대
한 마케팅 전략으로 활용하고 있으며 식당의 신뢰도를 높이기 위해
인터넷 홈페이지 주소를 명시하고 고객들의 호기심을 유발하고 식당
에 오기 전에 미리 메뉴 및 시설들을 확인하고 취향에 맞는 분위기
와 음식을 선택할 수 있도록 도와주고 있다.

제2절 메뉴디자인 계획

1. 메뉴디자인 계획의 이해

메뉴는 고객과 레스토랑을 연결시켜 주는 상호보완적인 역할을 담
당하는 기능을 가지고 있다. 또 한 레스토랑에는 경제적인 이익과
메뉴의 상품화와 마케팅의 효과와 함께 생산성 증가의 목적을 더하
기 때문에 메뉴디자인에 있어서 변화하는 환경변화의 분석은 무엇보
다 선행되어야 한다.

따라서 내부적인 환경과 외부적인 환경을 과학적이고 체계적인 방
법으로 조사하여 고객만족을 위한 철저한 이해가 요구된다.

2. 콘셉트에 따른 메뉴디자인 계획과 기본 원칙

1) 레스토랑 콘셉트에 따른 메뉴디자인 계획

식당의 분위기에 맞게 디자인된 메뉴가 판매를 늘리고 매출을 증

대시킨다. 고급 레스토랑의 경우 메뉴판의 질이나 디자인이 뒤떨어진다거나 메뉴의 내용이 부실하다면 식당을 찾은 고객, 즉 표적시장(target market)으로 하는 사람들의 욕구에 부응하지 못하고 메뉴(판)디자인 때문에 식당 전체적인 이미지를 손상시킬 수도 있다. 레스토랑의 콘셉트(concept)라 함은 식당 전체적인 분위기를 말하며 이러한 분위기, 이미지에 알 맞는 메뉴를 제공하는 것이 필수적이라 하겠다.

2) 메뉴디자인 계획의 기본 원칙

메뉴디자인은 메뉴의 시각적 구성양식에 관한 가장 중요한 요소 중의 하나이다. 레스토랑 경영자들은 기존의 레스토랑과 경쟁업체에 관련된 모든 메뉴디자인의 상호비교 분석이 필요하며, 메뉴 기획자는 외부업체의 메뉴디자인에 관해 여러 가지 구성요소들을 평가하고 분석하지 않으면 안 된다. 메뉴의 기본 디자인은 레스토랑에서 사용될 실제 양식으로 결정되며 이러한 메뉴의 양식은 크기(size), 형태(shape), 쪽수(page), 패널(panel)에 따라 달라진다.

메뉴디자인의 가치는 레스토랑 경영자가 고객에게 전달하고자 하는 정보 메시지를 효과적으로 의사소통(communication)이 될 때 나타나게 된다.

메뉴디자인 계획 시 기본이 되는 원칙을 보면 다음과 같다.

① 메뉴판은 얼룩이지지 않는 견고한 종이를 사용할 것

② 테이블 크기에 따른 메뉴판의 크기는 적당할 것

③ 메뉴를 쉽게 읽을 수 있도록 적당한 여백을 둘 것

④ 형태는 단순화시키고 활자의 종류와 크기는 읽기 편할 것

⑤ 전문적인 메뉴용어는 피할 것

⑥ 메뉴의 특별요리는 굵은 활자체, 박스 처리, 밑줄 긋기, 혹은 색이 있는 스티커나 추가조항을 붙여 눈에 보이게 할 것

⑦ 문법, 철자, 가격이 정확할 것

⑧ 영업장의 이름, 주소, 전화번호, 서비스 기간 등을 메뉴에 기록할 것

3. 메뉴디자인 시 일반적인 문제점

보통 외식업체가 메뉴판 제작 시 범하게 되는 일반적인 문제점은 다음과 같다.

① 너무 작은 메뉴판 : 복잡한 메뉴판은 읽기 어렵기 때문에 호감을 줄 수 없고 판매에도 좋지 못하다.

② 너무 작은 활자 : 모든 손님들이 좋은 시력을 갖고 있는 것은 아니며 어떤 식당은 홀의 불빛이 희미할 수도 있다. 고객은 그들이 읽기 힘든 것을 주문하지 않을 것이다.

③ 설명문구가 없는 음식 : 때로는 음식의 이름만으로 그 음식을 알기에는 충분하지 않는 경우가 있고 고객들의 관심을 끌지 못하는 경우가 있다. 한편 음식에 대해 잘 설명하고 있는 문구는 판매를 증가시킬 수 있다.

④ 모든 음식을 똑같이 취급 : 메뉴판 제작자는 가장 수익률이 높거나 또는 가장 잘 팔리는 음식에 주의를 끌기 위해서 자리 배정하기, 테두리치기, 장식 선, 색깔, 큰 글씨 등 그 밖의 다른 방법들을 사용해야 한다. 만약에 모든 종류의 음식들이 똑같이 취급되거나 모든 음식에 느낌표를 사용하여 대문자로 두드러지게 표시되면 레스토랑이 가장 많이 팔고자 하는 음식들은 다른 것들과 차별화 될 수 없을 것이다.

⑤ 식당의 음식과 음료들 중 일부를 기록하지 않음 : 어떤 레스토랑은 판매하는 모든 종류의 와인, 음료, 디저트 품목들을 나열하기보다는 '정선된 후식' 같이 기록하기도 한다.

⑥ 클립메뉴 사용이 적절하지 않음 : 정기적으로 클립을 사용해서 메뉴를 추가하는 식당에서는 클립에 의해 중요한 메뉴들이 가

려지지 않도록 메뉴판에 이를 위한 빈 공간을 만들어야 한다. 클립을 사용하는 것 자체가 메뉴디자인과 질에 조화되어야 한다. 싼종이에 어설프게 인쇄해서 제대로 짜여지지 않고 덧붙여진 종이는 잘 디자인된 고급 메뉴디자인의 효과를 떨어뜨릴 수 있다.

⑦ 식당의 특성과 방식에 대한 기본적 정보를 포함하지 않는 메뉴 : 많은 레스토랑들이 메뉴판에 그들의 주소와 전화번호, 영업시간, 지불방식 등을 표기하지 않는 것은 놀라운 일이다.

⑧ 여분의 공간이 없는 메뉴 : 메뉴판의 비워둔 면은 레스토랑의 판매나 메뉴에 있어서 어떤 의미를 부여할 수 있다. 예를 들어, 비워둔 뒤표지에 레스토랑의 추가의 음식들을 적거나 판매촉진을 위한 부수적인 문구들을 적거나 씨푸드 음식점의 경우 제공되는 생선메뉴에 있어 그것들의 독특한 맛과 씹히는 질감의 특징을 적는데 이용할 수 있다.

4. 메뉴디자인 계획과정

메뉴의 디자인은 첫인상을 주는 외관적인 요소로서 식음료 상품의 구성과 전체적인 분위기를 나타내는데 중요한 역할을 한다. 일반적으로 메뉴디자인은 다음과 같은 과정으로 계획된다.

이러한 것들은 일반적인 과정일 뿐 최근 들어서는 새로운 디자인 기법과 실제의 구성에 있어서 새로운 방법들이 시도되고 있다.

<그림 4-1> 메뉴디자인 계획과정

메뉴디자인 계획과정	
메뉴의 구성	기본적인 메뉴품목의 결정
⇩	
시장조사	경쟁업체의 메뉴조사
⇩	
실제메뉴의 구성	메뉴의 카피와 구성형태
⇩	
메뉴의 가격결정	메뉴의 가격결정과 식재료 비용을 조정 후 메뉴 가격결정 및 메뉴 조정
⇩	
실제메뉴북 제작	메뉴북 제작

5. 메뉴디자인 시 고려사항

메뉴를 설계하고 디자인함에 있어서 고려해야 할 사항들은 매우 많다.

메뉴디자인 계획 시 고려사항은 다음과 같다.

1) 위생적인 것

2) 메뉴에서 흥미를 느낄 수 있도록 할 것

3) 보기 쉽고, 읽기 쉬울 것

4) 일부 메뉴의 변경 시 교환이 가능하게 할 것

5) 디자인과 재질이 좋을 것

6) 메뉴에 대한 설명이 잘되어 있을 것

7) 색채와 형태가 좋을 것

8) 테마가 있을 것

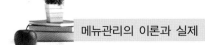

9) 어린이 메뉴에 대한 설명이 되어 있을 것

10) 문자와 그림이 균형을 이룰 것

11) 레스토랑의 콘셉트가 있을 것

12) 재미(fun)를 줄 것

13) 독창적일 것

14) 조화와 균형을 이룰 것

제3절 메뉴디자인 설계

레스토랑 경영자는 경쟁업체와 관련된 디자인에 대하여 비교, 분석하여야 하며 메뉴 기획자(menu planner)는 외부업체의 메뉴디자인에 관하여 여러 가지 구성요소들을 평가하고 분석하여야 한다. 메뉴의 기본 디자인은 레스토랑에서 사용될 실제 양식(format)으로 결정되며 이러한 메뉴의 양식들은 크기(size), 형태(shape), 쪽수(pages), 패널(panel) 등에 따라 달라진다.

1. 메뉴 포맷(menu formats)

메뉴북을 제작하는데 있어서 사진, 도형, 문자 등을 일정한 공간에 배열하는 것을 구성(format)이라 한다. 즉 그 구성요소는 고객의 심리적 접촉 효과를 고려하면서도 레스토랑에서 팔기를 원하는 아이템으로 고객의 시선을 유도할 수 있도록 구성하는 것을 말한다.

메뉴판의 기본 디자인은 메뉴의 포맷에 의해 결정되며 포맷의 구성은 메뉴북의 크기, 형태, 페이지수, 그리고 패널 등으로 다양하다. 결국 적절한 포맷은 가독성을 상승시키고 전체적인 균형에 영향을 미치며, 레스토랑의 전체적인 이미지를 표현할 수 있는 아주 중요한 요소이다.

1) 메뉴북 포맷 종류

메뉴디자인은 점, 선, 면, 공간 등으로 이루어지는 시각적인 디자인의 한 영역으로서 각 요소들이 어떻게 배치되고 활용되는가에 따라 그 가치가 결정된다. 일반적으로 메뉴의 패널은 다음과 같이 6가지로 구분한다.

<그림 4-2> 메뉴의 기본 패널

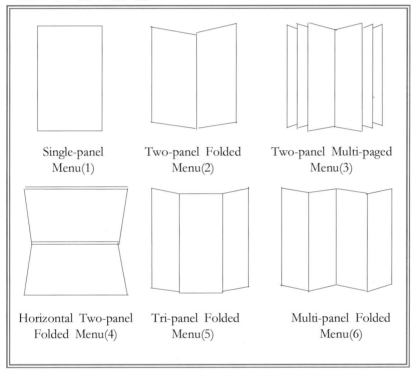

Single-panel Menu(1)

Two-panel Folded Menu(2)

Two-panel Multi-paged Menu(3)

Horizontal Two-panel Folded Menu(4)

Tri-panel Folded Menu(5)

Multi-panel Folded Menu(6)

자료 : 원용희 외, 레스토랑 메뉴디자인, 신광출판사, 2001, p. 59.

(1) 싱글 패널(single-panel)

싱글 패널은 한 면으로 구성된 형식으로 한정된 메뉴 혹은 특별히 선택된 메뉴를 제공하는데 일반적으로 사용된다. 가장 일반적인 싱글 패널형의 크기는 6×8inch와 9×12inch지만 때때로 더 큰 크기

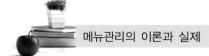

나 작은 메뉴도 사용된다. 형태는 직사각형, 원형, 삼각형 등 다양하게 디자인 된다. 일반적으로 바(bar), 캐주얼(casual)스타일의 레스토랑에서 볼 수 있는 메뉴 형식이다.

(2) 투 패널 폴드(two-panel fold)

우리가 가장 많이 볼 수 있는 스타일의 메뉴판이라 할 수 있다. 이러한 양식은 전통적인 코스요리의 메뉴에서 가장 많이 찾아볼 수 있으며 또한 가장 널리 이용되고 있기도 한다. 투 패널 폴드는 공간이 좁아 많은 요리 품목들이 제공될 경우 레이아웃(layout)은 복잡해지고 전체적인 조화를 기대하기 어렵다.

(3) 투 패널 멀티페이지(two-panel-multi-page)

여러 페이지를 가진 두 겹으로 된 메뉴를 말한다. 이 메뉴북은 요리 품목들의 내용이 길거나 선택의 폭이 다양할 때 사용되는 메뉴이다.

(4) 트라이 패널 폴드(tri-panel fold)

3개로 구성된 메뉴판을 말한다. 패널이 3개로 구성된 메뉴판으로 기본적인 싱글 패널 메뉴북 양쪽으로 하나씩 패널이 덧붙여 있다고 생각하면 된다. 이 형식의 경우는 시선이 중앙에 집중되므로 판매이익을 위해서는 수익이 가장 높은 메뉴를 중앙에 위치시켜야 한다.

(5) 호리전틀 투 패널 폴드(horizontal two-penel fold)

패널이 2개로 된 수평으로 접는 형식의 메뉴판을 말한다. 이런 형식은 거의 이용되지 않으며 실용성이 비교적 떨어지는 형태이다.

(6) 멀티 패널 폴드(multi-panel fold)

패널이 4개 이상으로 구성된 메뉴판을 말한다. 특별한 경우를 제외하고는 그다지 사용되어지지 않고 있다.

2) 메뉴 포맷에 따른 포지션 전략

메뉴 계획자이자 디자이너인 윌리암 도에플러(William Doerfler)는 처음에 두 가지 종류인 싱글 패널과 투 패널 유형을 토대로 몇몇의 메뉴를 고안해냈다. 메뉴의 패널에 따른 시각 중심점과 시선의 이동방향 법칙에 관해 살펴보면 다음과 같다.

(1) 싱글 패널(single-panel) 메뉴

싱글 패널 메뉴에 있어서 메뉴를 수평으로 반으로 나눌 때, '상단부분'이 시선의 초점이 되므로 가장 수익이 높은 음식들을 나열해야 한다고 주장하였다.

단일(1page) 메뉴

(2) 투 패널 폴드(two-panel fold) 메뉴

투 패널 폴드 메뉴는 첫 장의 '왼쪽 상단'과 모서리에서 두 번째 장 '오른쪽 하단 모서리의 1/4쯤 위를 대각선으로 가로지른 윗부분'에 가장 수익이 높은 음식을 나열해야 한다고 주장하였다.

만약 투 패널 폴드 메뉴를 사용하고자 한다면, 웨이터나 웨이추레스는 테이블 위에서 90도의 각도에서 왼손을 이용하여 고객에게 메뉴판을 펼쳐주어야 한다. 이렇게 하면 고객은 메뉴의 오른쪽을 보기 때문이다. 따라서 고객에게 특별판매를 하고자 하는 메뉴 음식들을 오른쪽에 위치하게 함에 따라 판매이익을 증가시킬 수 있다.

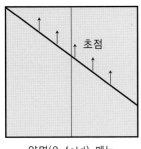

양면(2-fold) 메뉴

(3) 트라이 패널 폴드(tri-panel fold) 메뉴

편지 접기식 메뉴는 세 부분으로 접는 형식으로 앞뒷면에 로고, 광고, 인스티튜셔널 카피(institutional copy) 그리고 음식나열과 설명을 위해 사용된다. 메

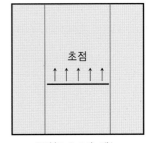

3면(3-fold) 메뉴

뉴북의 1/3을 수평으로 가로지른 선 가운데 패널의 윗부분이나 1/2 수평선의 가운데에 수익이 높은 음식을 나열해야 한다.

3) 메뉴 커버(menu covers)

메뉴표지는 원하는 분위기를 창조하고자 하는 데에 있어서 중요하다. 그것은 음식서비스업체에 관하여 어떠한 의미를 주지시켜 줄 수 있어야 하며 소비자의 수요를 환기시킬 수 있어야 한다. 메뉴 커버는 전체 광고프로그램의 중요한 일부분이다.

메뉴 커버는 원하는 이미지를 전달할 수 있고, 고객에게 커뮤니케이션 과정이 시작되는 단어들과 그래픽들의 조화가 이루어질 수 있어야 한다. 중요한 기능은 음식서비스업체에 고객을 유인하고 인지시키는 것이다.

메뉴표지를 디자인함에 있어 고려해야 할 사항은 다음과 같다.

(1) 메뉴 커버(menu covers) 디자인 시 고려해야 할 사항

① 안내성

안내성이란 메뉴 처음 표지에서 그 메뉴의 전반적인 분위기를 읽을 수 있도록 해주는 것을 말한다. 보통 메뉴 표지 안쪽 하단부에 식당 상호와 전화번호를 남기는 경우와 메뉴 뒤표지에 회사 상호, 전화번호, 홈페이지(homepage) 주소를 명시하여 고객들이 불편사항이나 건의사항을 남길 수 있어야 한다.

② 로고(logo)

로고(logo)는 식당이 가지는 얼굴이다. 메뉴에 사용되는 로고나 도안은 그 레스토랑의 모든 것을 함축하고 있다. 예를 들면 T.G.I.F 패밀리 레스토랑에서의 로고는 Friday's이다. 거기에 빨간색과 흰색이 스트라이프 무늬가 어우러져 어느 곳에서나 우리는 그것이 T.G.I.F 패밀리 레스토랑임을 알 수 있다. 따라서 메뉴 표시의 로

고가 차지하는 비중이 크다는 것을 알 수 있다. 고유한 분위기에 알맞은 로고는 메뉴표지 디자인에 매우 중요한 요소이다.

(2) 메뉴 커버(menu covers) 재료

메뉴 표지의 재료선정은 메뉴가 사용될 기간에 바탕을 두어야 한다. 메뉴를 영구적으로 사용할 것이라면 오랫동안 사용할 수 있는 재료로 만들어야 한다. 이때에 메뉴는 그 자체가 인쇄되거나 커버에 넣어 이용할 수 있다. 얇은 코팅(laminated coating)이 결국은 오래도록 사용하여 낡기 시작할지라도 청결을 유지하는 데에 있어서는 유용하다.

메뉴커버의 종류는 다음과 같다.

① 패드 커버

패드를 댄 메뉴 커버는 가벼운 보드 또는 매우 두꺼운 카드 보드에 의해 만들어진다. 이것은 가죽과 유사한 플라스틱 물질로 채워짐으로써 매우 무거운 느낌을 준다. 소재는 송아지 가죽, 벨벳, 자연가죽, 이미테이션가죽 등이며 커버에 새길 수 있는 것은 로고나 레스토랑의 상호명 등으로 제한된다. 커버는 비싸더라도 오래 쓸 수 있고 내용물은 바뀔 수 있으며, 메뉴의 안쪽은 무거운 종이나 린넨 타입의 종이로 구성되고 리스트나 판매가격은 자주 변경시킬 수 있다.

② 주문제작 커버

전통적인 직사각형의 모양보다 특별한 모양과 디자인을 띤 형태로 디자이너의 상상력에 의해 패턴이 만들어지며 사이즈, 모양, 소재 등이 다양하다. 소재는 종이나 카드보드보다 나무나 금속을 주로 사용하고 때때로 종이를 사용하더라도 사이즈나 모양이 특이하다. 비용이 비싼 단점이 있다.

③ 삽입 커버

앞의 두 타입보다 대중적인 커버로 메뉴 아이템이나 가격이 바뀌는 내용물을 삽입하는 것은 패드 커버와 유사하지만 커버는 가죽제

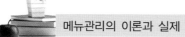

품 대신 카드보드지를 사용한다. 이 커버는 많은 회사에 의해 만들어지기 때문에 기성제품을 고를 수 있다. 그러나 커버가 레스토랑의 주제와 분위기를 나타낸다는 측면에서 일반제품의 디자인을 사용하는 것보다 약간의 개성을 가미하는 것이 필요하다.

④ 라미네이트 커버

라미네이트 커버는 커피숍 등 격식이 없는 레스토랑에서 매우 인기가 있다. 커버를 보호하기 위해 플라스틱 코팅을 한 것으로 카드보드에 인쇄한다. 라미네이트 커버 메뉴북은 영구적이기 때문에 아이템이나 가격변동이 거의 없는 레스토랑에 사용된다.

⑤ 종이 커버

종이 커버 메뉴는 가격이 저렴하기 때문에 레스토랑에서 가장 많이 사용되고 있다. 이는 세팅 비용, 추가 카피 등의 비용이 적게 소요되므로 비용 및 메뉴 판매가의 변화, 메뉴 아이템 등의 변화에 민감하게 적용할 수 있다.

(3) 메뉴 커버(menu covers) 사이즈

미국레스토랑협회(NRA)에 의해 행해진 조사에서 이상적인 메뉴크기는 넓이 9인치(23cm), 길이 12인치(30cm)로 밝혀졌다. 이것은 대부분의 사람들이 다루기 쉬운 크기이다. 이 사이즈가 이상적이라고 할 수 있지만, 여러 사이즈와 형태가 있을 수 있으며 다른 크기가 더 성공적일 수도 있다. 크기와 형태를 다양하게 하는 메뉴들은 일반적으로 극적인 효과를 얻기 위하여 만들어진다.

제4절 메뉴배열(lay out)

1. 메뉴배열의 개념

메뉴가 어떤 위치에 배열되느냐에 따라 메뉴의 전체적인 느낌이나 판매되는 빈도수에 따른 매출액의 차이로 나타난다.

메뉴디자인의 배열에 있어서 가장 많이 팔리기 원하는 또는 수익성이 높은 메뉴품목을 눈에 가장 잘 보이는 영역에 배치함으로써 전략적인 이익의 효과를 얻을 수 있다.

메뉴디자인에 있어서의 착시란 '눈의 착각'이라고도 일컬어지는 현상으로서 주로 상품의 형태나 색채를 잘못 파악 하는 것이다. 착시현상을 디자인에 이용함으로써 효과적인 디자인 정책과 직결되어 메뉴 제작자의 목적에 가장 적절하게 배열하거나 배치하는 작업이다.

2. 메뉴음식의 배열

1) 음식명(a listing of the food)

음식의 이름은 고객의 정신적인 이미지의 큰 부분을 차지한다.

미국 레스토랑 협회는 음식이름에 관한 조사를 한 결과, 대부분의 사람들은 메뉴음식에 사용하는 특별한 용어(예; cutesy나 cute 또는 strange)를 사용하는 것을 좋아하지 않는 것으로 나타났다. 그런 이유로 레스토랑에서는 음식명은 쉽게 알 수 있는 용어를 사용하여야 한다. 새로운 이름을 사용하여 성공하는 사례도 있으나 보편적으로 그러한 특별한 명칭은 음식서비스업체의 테마를 전달하거나 특정한 촉진 목적을 위해서만 사용되어야 한다.

2) 음식설명(a description of the food)

음식에 대한 설명은 적절한 음식설명을 통하여 고객들의 구매동기를 자극하고자 하는 것이다. 그렇기 때문에 음식에 관한 상세한 설명이 필요하다. 그러나 이용고객이 음식의 내용에 대하여 잘 인지하고 있다면 너무 세부적으로 설명하는 것도 바람직하다고 볼 수 없다.

예를 들어, 프렌치프라이에 대해서 다수의 고객이 알 수 있는 음식인데, 감자가 미국 서북부 아이다호(Idaho) 주에서 생산되고 어떠한 방법으로 자르거나 황갈색으로 프라이하였다고 설명할 필요가 없으며, 주의를 주기 위한 경우를 제외하고는 그것들이 뜨겁다거나 소금을 뿌렸다는 것을 설명할 필요가 없다. 이질적인 메뉴를 제공하는 음식서비스업체는 음식의 이름을 정확하게 기입하고 세부적으로 설명해야 한다.

메뉴음식의 설명에는 조리방법, 기본재료, 서비스방법의 내용이 포함되어야 한다.

이 밖에도 상품의 질, 식재료의 부위, 상품의 크기 등이 추가될 수도 있지만 반드시 메뉴상의 음식 설명에 포함시킬 필요가 없다. 그러나 이로 인하여 고객들이 불만을 가질 수 있는 소지를 만들 수 있기 때문에 가능한 한 포함시키는 것이 좋다.

3) 메뉴음식의 배치

메뉴 품목의 배열은 메뉴 아이템의 제공순서에 따라 전채요리 → 수프 → 샐러드 → 주요리 → 생선 → 육류 → 후식 → 음료의 순이 일반적이다. 이 순서에 의해 위치나 배열이 결정되어지는 경우가 많지만 나열되는 순서에 따라 선택되어지는 빈도수의 차이가 생기기 때문에 메뉴 음식의 위치는 마케팅도구로서 메뉴의 중요한 측면이다.

마케팅의 원칙은 고객이 관심을 처음에 두었던 음식이나 마지막에 두었던 음식이 고객의 마음속에 가장 많이 남는다는 원칙을 적용하여 판매하고자 하는 음식의 판매량을 증가시키는 데 있다.

코스요리 순서에서는 한 그룹으로 묶어놓은 품목 중에서 첫 번째 또는 두 번째 품목이 가장 잘 선택되고 잘 팔리는 것으로 나타나고 있다. 그렇기 때문에 우리나라 레스토랑에서 사용하는 가격에 따른 오름차순 혹은 내림차순 형식의 품목 배치는 고객들로 하여금 혼돈과 불만을 갖게 하는 요인이 나타나고 마케팅의 원칙에도 부합되지 못한다.

3. 메뉴배열의 종류

일반적인 메뉴품목의 배열은 기본적인 대칭형과 비대칭형, 트리형, 혼합형 등으로 구별할 수 있다. 식당의 이미지와 분위기, 메뉴의 크기, 접는 메뉴판의 수, 메뉴의 페이지 수에 따라 메뉴배열은 달라진다. 일반적으로 음식품목의 배열은 제공되는 순서에 의한 것이 좋다고 알려져 있으나, 어떤 방법이 가장 이상적인 배열인지에 대한 이론적인 근거는 없다.

메뉴의 배열은 크게 사각의 대칭형 배열이나 변형된 대칭형 배열(크리스마스 트리형이나 기타 모양으로 된) 혹은 비대칭형 배열(왼쪽이 불록한 모양) 등 외에도 이를 중심으로 다소 수정된 형태로 되어 있다.

대부분의 경우 가로와 세로를 정렬하는 대칭형을 선호하고 있으며, 매가를 왼쪽에 일렬로 정렬하여 표시하는 가장 일반적인 형태를 취하고 있으나 크리스마스 트리형의 경우도 가끔 있다. 다음 〈그림 4-3〉은 여러 가지 메뉴 형태들이다.

<그림 4-3> 메뉴품목의 기본배열

대칭형 배열

비대칭형 배열

혼합형 배열   트리형 배열

자료 : 원융희 외, 레스토랑메뉴디자인, 신광출판사, 2001, p.61.

4. 시선의 이동

고객은 전체적인 메뉴를 파악하기 위해 시선을 오른쪽 상단에서 왼쪽 상단으로 움직이며, 원하는 메뉴아이템을 찾기 위해 약 일곱 번 정도 중앙부분을 가로질러 사선으로 움직인다고 하는 내용이다. 따라서 메뉴북의 중앙부분은 레스토랑의 판매 전략과 메뉴 계획에 있어서 가장 중요한 위치로 판단할 수 있다.

일반적으로 판매이익 기여도가 높은 품목은 메뉴판의 오른쪽에 위치시켜 박스나 원, 색깔, 기호, 여백 등으로 강조해 고객의 시선을 고정하도록 배치해야 한다. 이것은 고객의 시선 이동에 기인한 것으로 오른쪽에 있는 것이 왼쪽보다 고객의 눈에 쉽게 보일 수 있으므로 이익 기여도에 따라 품목별로 오른쪽에서 왼쪽으로 배치해야 할 것이다.

<그림 4-4> 메뉴판 시선이동 초점

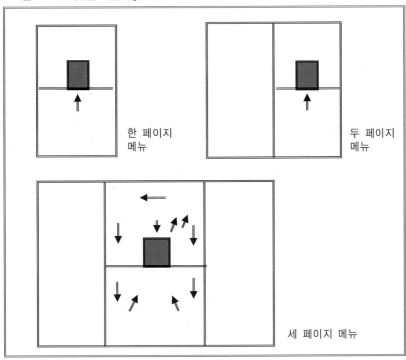

김윤태, 대왕사, 호텔·외식산업 메뉴관리론, p.76.

1) 한 페이지의 메뉴판

한 페이지 메뉴의 경우 메뉴를 수평으로 반으로 나눈 바로 위, 즉 중앙의 약간 상단에 위치한다.

2) 두 페이지의 메뉴판

첫 장의 왼쪽 상단 모서리에서 두 번째 장 오른쪽 하단 모서리의 1/4쯤 위를 대각으로 가로질러 자른 선을 기준으로 윗부분이 초점이다. 즉 오른쪽 페이지에서 시선이 시작한다는 것을 말하며 이곳이 레스토랑에서 많이 팔기를 원하는 아이템이 위치할 수 있는 좋은 위치이다.

3) 세 페이지의 패널이 같은 크기인 메뉴판

수직으로 접힌 경우는 가운데 접힌 부분의 밑에서 1/3 정도의 위가 초점이고 수평의 경우는 가운데 부분의 1/3선 위가 초점이라는 것이다. 또한 왼쪽과 오른쪽 패널의 크기가 가운데 패널의 크기와 같은 3개의 패널로 된 메뉴의 경우도 초점은 가운데 부분이라고 한다. 즉 최초 고객이 메뉴를 접하게 되면 먼저 중앙을 보고 ① 중앙 상단 → ② 우측상단 → ③ 좌측상단 → ④ 좌측하단 → ⑤ 중앙 → ⑥ 우측상단 → ⑦ 우측하단 → ⑧ 마지막으로 처음 위치로 돌아온다는 것이다.

따라서 식당에서 가장 많이 판매되기를 원하는 수익성 높은 상품일수록 중앙에 배치하여 고객들로 하여금 메뉴를 펼쳤을 때 최초로 눈에 보이게 하여 판매를 극대화할 수 있도록 마케팅 전략을 가져야 한다는 것이다. 또한 이런 시선이동에 관한 연구에 의하면 고객이 원하는 아이템을 선택하기까지 시선이 일곱 번이나 가운데 부분을 통과한다고 한다.

제5절 메뉴디자인 요소

1. 메뉴카피(menu copy)

1) 메뉴카피의 정의

메뉴의 실제에 있어 메뉴카피(menu copy)는 메뉴의 품목을 판매하기 위한 일종의 설명 문안으로서 고객들에게 식당이 제공하는 서비스를 알리는 중요한 역할을 한다. 이러한 카피는 메뉴의 조리방법, 기본재료, 사용되는 부위, 크기, 질, 서브방법 등 다양한 정보를 고객들에게 제공함으로서 레스토랑의 매상을 촉진시키고 고객들에게 레스토랑이 제공하는 서비스를 인지시키는 중요한 역할을 한다.

2) 메뉴카피의 종류

일반적으로 메뉴카피는 세 가지 종류로 분류한다.

(1) 상품에 관한 카피(merchandising)

말 그대로 메뉴품목에 대한 카피이다. 즉 메뉴품목을 나타내는 것으로 상품의 종류를 나타낸다. 예를 들면, '불고기'라는 요리명을 지칭한다. 그 음식을 선택하게 될 사람들에게 어떤 심리적인 이미지를 떠오르게 하기 때문에 각각 메뉴의 이름은 중요하다. 즉 식사에 대한 만족감은 요리명에 대한 기대감과 실제요리가 일치할 때 만족감을 느끼기 때문이다.

따라서 상품명은 대중적이면서도 친숙하고 명확한 이름을 사용해야 효과적이다.

(2) 상품에 관한 강조(accent)

메뉴품목의 원산지, 특징 등을 강조하여 고객들로 하여금 보다 흥

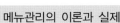
미를 유발하고 먹고 싶은 욕구를 느끼게 한다. 예를 들면, '홍성에서 직송한 한우로 만든 불고기'라는 설명을 덧붙이면 고객은 음식에 대한 강조로부터 먹고 싶은 충동을 느끼게 하여 메뉴를 선택하게 한다. 메뉴카피는 간결하면서도 유혹을 느낄 수 있는 문구이어야 한다.

(3) 상품에 관한 설명(descriptive)

이것은 메뉴의 기본 기능을 알리는 것으로서 고객에게 음식품목에 대한 정보를 제공하여 그 음식이 조리되는 과정이나 첨부되는 재료들을 미리 알 수 있도록 해주는 역할이다. 예를 들면, '홍성한우를 유기농 채소와 발효시킨 효소로 양념한'이라는 메뉴에 대한 설명을 보고 고객들은 음식에 대한 보다 많은 정보를 접하게 된다. 이러한 메뉴상품에 대한 세부적인 설명을 통해 고객들이 그 메뉴를 선택할 수 있도록 권하는 것이다. 만약에 음식이 생각한 것과 다른 조리법과 형태로 제공된다면 고객에게 불만족을 유발할 수 있기 때문에 상품에 대한 정확하고도 정확한 설명은 매우 중요하다.

3) 메뉴카피의 구성

메뉴카피에는 헤딩과 서술적인 카피, 그리고 서플리멘트 머천다이징 카피로 나눈다.

(1) 헤딩(heading)

헤딩에는 코스(또는 음식의 그룹)를 분류하는 주헤드(major heads : 전채, 스프, 생선, 주요리 등)와 각 코스별 주요리의 재료를 자세히 세분하는 서브헤드(sub heads : 주요리의 재료에 따라 쇠고기, 돼지고기, 가금류, 해산물 등으로 분류) 그리고 아이템의 이름이 포함된다.

(2) 디스크리티브 카피(descriptive copy)

디스크리티브 카피(서술적 카피)는 메뉴의 근본적인 기능을 알리는 것이라고 했다. 메뉴의 주재료와 보조재료, 곁들이는 소스, 그리고 조리방법 등이 포함되어 있다. 메뉴에 대한 자세한 설명으로 고객에게 이해의 폭을 넓히고 음식에 대한 정보를 제공함으로써 고객이 원하는 메뉴를 선택할 수 있도록 유도하는 과정이다.

(3) 서플리멘틀 머천다이징 카피(supplemental merchandising copy)

판매 계획문이라고 하는데 레스토랑의 이름, 주소, 전화번호, 영업시간, 로고, 포장되는 요리, 편의시설, 특별이벤트 등을 포함하여 레스토랑이 제공할 수 있는 모든 서비스에 관한 정보를 홍보하는데 사용한다.

(4) 인스티튜셔널 카피(institutional copy)

인스티튜셔널 카피란 음식서비스업체의 특징, 음식서비스업체의 역사, 그리고 어떤 특별한 사실에 관한 내용을 강조하는 메뉴이다. 이것은 고객에게 음식서비스업체의 어떤 특징을 인지시켜 준다.

이러한 형태는 다음과 같은 네 가지가 있다.

첫 번째 유형은, 한 음식서비스업체가 유구한 역사를 가지고 있는 건물에 위치하고 있을 때 이 건물에 대한 역사를 설명함으로써 상징성을 부각시키는 경우이다.

두 번째 유형은, 레스토랑의 전통성을 부각시키는 경우이다.

세 번째 유형은, 조상으로부터 비법을 전수받아 음식을 조리하는 레스토랑이라는 것을 부각시키는 형태이다

네 번째 유형은, 특정 분위기를 강조하는 형태이다. 이것은 전문성을 강조하기 위하여 일본풍, 영국풍, 불란서풍, 그리고 중국풍, 분위기의 사진을 첨부한다.

2. 타이포그래피(typography)

1) 타이포그래피의 정의

효과적인 의사전달을 위한 인쇄상의 제요소를 적절하게 안배하는 기교(技巧)를 타이포그래피(typography)라고 한다.

타이포그래피란, 활자 혹은 활판에 의한 인쇄술을 지칭하여 왔지만, 오늘날에는 주로 글자의 구성 디자인을 일컬어 타이포그래피라고 한다. 활자의 가독성이라 함은 활자를 얼마나 쉽게 읽을 수 있느냐 또는 얼마나 시각적으로 잘 보이느냐 하는 것이다. 많은 양의 아이템을 메뉴에 포함하고자 하는 욕심에 너무 작은 글자체를 사용하거나 혹은 눈에 띄게 하기 위해 너무 큰 활자체를 사용할 때에는 읽기에도 불편하고 의미도 명확히 전달되지 않는다.

따라서 가장 좋은 글자체는 레스토랑의 보통 조명(식사테이블의 경우 200Lux) 하에 일반적인 사람들이 편안하게 읽을 수 있을 정도의 활자 크기가 되어야만 메뉴를 이해하는데 있어 불편함이 없을 것이다. 일반적으로 11~13포인트 정도의 활자크기가 가장 알맞은 것으로 알려져 있다.

타이포그래피는 활자의 크기, 서체의 특징과 고화, 내용과 활자와의 적합성, 행의 길이, 행간, 여백 등을 고려하여 내용을 알기 쉽고 빠르게 전달하고자 하는 문구가 병행되어 이루어져야 한다.

2) 타이포그래피의 구성요소

(1) 활자체(活字體)

인쇄된 메뉴의 가장 중요한 기능은 메뉴 메시지를 고객에게 전달하는 것이다. 이러한 기능을 충실히 수행할 수 있는 메뉴가 되기 위해서는 사용하는 글씨체가 고객이 가장 많이 접할 수 있는 글씨체를 선택하여야 한다. 활자의 가독성이란 활자를 얼마나 쉽게 읽을 수 있느냐, 또는 얼마나 시각적으로 잘 보이느냐 하는 것이다. 활자의 선택에는 적합성(適合性)을 고려해야 하는데, 이는 크게 심리적 적합성, 고객의 교육정도와 연령에 대한 적합성, 다른 활자와 전체 지면과의 조화에 대한 적합성으로 나누어 볼 수 있다.

활자체는 그 나름대로의 성격을 지니고 있어 메뉴의 미적, 심리적 효과를 거두기 위해서는 활자체의 선택에 관심을 기우려야 한다. 활자체, 즉 글씨체의 선택은 레스토랑의 주제와 겨냥하는 고객에 달려 있다. 레스토랑의 전체적인 분위기를 고객에게 전달할 수 있고 전달하고자 하는 메시지를 고객이 쉽게 읽을 수 있는 활자의 선택을 말한다. 활자를 선택함에 있어서 고려되는 일반적인 사항은 ① 공간의 크기 ② 색깔 ③ 글씨체 ④ 공간 ⑤ 박스와의 대비 ⑥ 심미성 ⑦ 특정 아이템을 돋보이게 하는 강조가 있다

따라서 일반적으로 레스토랑의 메뉴판에 사용하고 있는 활자체는 다음과 같다.

① 활자체의 종류

● 세리프

글자의 끝에 가는 선이 있는 세리프 활자체는 우아하고 읽기가 쉬우며 견고한 느낌을 준다. 그러나 요즈음 이러한 활자체는 시대에 뒤떨어지거나 전통적인 것으로 취급되고 있다.

● 산스 세리프

세리프가 없는 산스 세리프 활자체는 일반적으로 벽돌 형으로 단순하고 약간 현대적인 느낌을 준다.

● 초서체

초서체 활자체는 메뉴에 적합하여 많이 사용되어지는데, 조금 조심스럽게 이용되어야 한다. 인쇄하는데 있어서 다양성을 부여해 줄 수 있으나 경사진 글자들의 각도로 인하여 눈을 피곤하게 할 수도 있다.

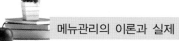
<그림 4-5> **다양한 서체의 종류**

메뉴　메뉴　메뉴　메뉴　메뉴　메뉴　메뉴
메뉴　메뉴　메뉴

② 활자의 크기

활자의 크기는 인쇄물의 크기, 내용, 성격 등에 따라 다양하게 변할 수 있는데, 메뉴판의 활자 크기는 레스토랑의 종류, 메뉴의 수와 사용언어의 수, 메뉴판의 크기, 레스토랑의 조명, 목표하는 고객에 따라 달라질 수 있다.

활자의 크기는 포인트, 급수 등으로 불리는데, 1포인트는 1인치의 약 1/72, 곧 0.35146mm이다. 일반적으로 8포인트부터 12포인트까지는 단행본이나 잡지에 많이 사용되며, 10포인트는 읽기가 쉽고 안정감을 주는 크기라고 알려져 있다.

메뉴판에 사용하는 활자의 크기를 정한 규칙은 없으나 메뉴판의 크기, 아이템의 수, 레스토랑의 종류, 미와 가독성 등을 고려하여 선택하는 것이 이상적이다.

다음은 효과적인 메뉴의 작성을 위한 기본적인 사항들이다.

<그림 4-6> **메뉴작성을 위한 활자의 요소**

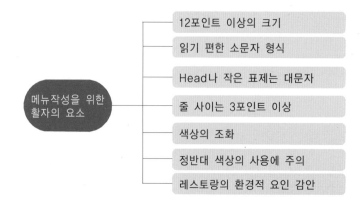

메뉴작성을 위한 활자의 요소
- 12포인트 이상의 크기
- 읽기 편한 소문자 형식
- Head나 작은 표제는 대문자
- 줄 사이는 3포인트 이상
- 색상의 조화
- 정반대 색상의 사용에 주의
- 레스토랑의 환경적 요인 감안

활자의 크기에 따른 가독시간을 연구한 결과 〈표 4-1〉에 의하면 큰 활자 간에는 커다란 차이가 없으나 활자가 작은 경우에는 큰 차이를 보이고 있음을 알 수 있다.

〈표 4-1〉 활자의 크기에 따른 가독시간 (시그마 1/1000초)

활 자 의 크기	가 속 시 간
36포인트	9.0시그마
21포인트	10.7시그마
10포인트	15.0시그마
7포인트	36.0시그마
4포인트	43.5시그마

참고 : 박영배 외 2인, 호텔외식산업 식음료 관리론, 백신출판, 1999, p.185.

③ 활자 간격 및 길이

메뉴디자인은 모든 디자인에서와 마찬가지로 자간이나 장평 또는 줄 간격 등에 많은 영향을 받는다. 인쇄가 눈에 잘 보여야 하고 균형이 맞아야 한다. 메뉴 전체에 얼마만큼의 활자를 넣어야 하는가? 하는 원칙은 없으나 보통 50대50%의 인쇄와 여백 주기를 하는 것이 가장 일반적이라 할 수 있다.

열과 열 사이의 간격도 가독성에 영향을 미치는 요인인데, 가독성을 방해하지 않게 하기 위해서는 3포인트 정도의 간격이 절대적이라는 것이다. 만약 이보다 작을 때는 읽기를 어렵게 만든다. 문자의 길이에 따라서도 시인성과 읽는 속도에 영향을 받는다. 명조체 5호로 된 긴 문장의 읽는 속도를 조사한 것에 의하면 자문이 1/2각, 1/4각, 베다 짜기, 전각(활자 한 개)의 경우는 자간이 좀더 넓은 쪽이 바람직하다는 결론이다. 행각의 경우는 전각, 1/2각, 1/4각의 순으로 나타났다.

(2) 메뉴의 색채

① 바탕색과 가독성

메뉴를 제작할 때 컬러를 많이 사용하면 사용할수록 메뉴 제작에 소요되는 비용은 높다. 그래서 가급적 컬러의 사용을 제한하면서 더 많은 효과를 얻기 위한 여러 가지의 기교(技巧)가 개발되어야 한다. 대표적인 것이 종이의 선택인데 컬러로 된 종이를 이용하는 방법이다. 사용하는 종이의 바탕에 따라 활자의 잉크에 따라 가독성은 높게 또는 낮게 나타난다. 바탕의 색에 따라 가독성에 대한 실험 결과를 정리하면 다음 〈표 4-2〉와 같다.

〈표 4-2〉 **바탕색에 따른 가독성 정도**

가독성이 아주 높음	가독성이 보통	가독성이 낮음
연한 크림색 바탕에 검은 활자	밝은 황록색 바탕에 검은 활자	검은 바탕에 흰색 활자
연한 크림색 세피아 바탕에 검은 활자	밝은 청록색 바탕에 검은 활자	노랑 바탕에 빨강 활자
아주 밝은 담황색 바탕에 검은 활자	황적색 바탕에 검은 활자	빨강 바탕에 녹색 활자
꽤 진한 황색 바탕에 검은 활자	붉은 오렌지색 바탕에 검은 활자	그린 바탕에 빨강 활자

참고 : 나정기, 메뉴관리의 이해, 백산출판사, p.155.

② 색의 조화

좋은 디자인은 좋은 색상의 배합과 조화를 통해 더 큰 효과를 나타내며 고객의 관심과 구매욕구를 자극하게 된다. 사람은 누구나 개인적으로 선호하는 색이 있고 연령이나 성별, 분위기 등에 따라 좋아하는 색도 달라진다. 그러나 음식에 있어서는 식욕을 돋구거나 맛있게 보이는 색깔이 있게 마련이다. 일반적으로 빨간색이 가장 식욕을 돋구어주는 색으로 알려져 있다. 주황색이나 빨간색 즉 붉은 계통의 색깔이 식욕을 자극하며 먹고 싶은 욕구를 자극한다고 한다. 반면 노란색의 경우에는 식욕을 자극하는 정도가 현저하게 감소되며 연두색은 식욕을 자극하는 정도가 매우 낮다.

또한 보라색이나 자주색 계통도 식욕을 자극하지 못하는 것이다. 야채류를 제외한 녹색의 음식은 거부감마저 나타내게 되는 경우도 발생한다. 옅은 색이나 무색의 음식들은 식욕을 자극하지는 못하나 거부감을 발생시키지도 않는다. 따라서 메뉴(음식=상품)의 색상과 메뉴디자인과의 색의 조화를 이루어 디자인하여야 한다.

(3) 기타

① 일러스트레이션 및 사진

일러스트레이션은 순수 회화와는 달리 목적을 전달하기 위해 그림이며 문자나 사진과 연관시켜 사용하기도 한다. 메뉴디자인에서 표현되는 일러스트레이션이나 사진은 제품의 특성을 알리는데 가장 직접적인 요소이며 소비자의 감성적 욕구를 충족시키는 마케팅 도구가 된다. 일러스트레이션은 제품의 내용물을 설명하는 역할을 하기 때문에 최대한 내용물을 잘 알릴 수 있도록 하여야 하며 특히, 식품포장의 일러스트레이션은 식품의 미각을 돋구게 할 수 있으므로 소비자들의 구매 욕구에 직접적으로 영향을 끼치는 매우 중요한 요소이다.

일러스트레이션은 포장디자인의 가치형성을 위해 다음과 같은 특징을 가진다.

- 내용물의 특성을 알기 쉽게 이해시켜 준다.
- 상품 또는 상표가 정확하다는 것을 인식하게 할 수 있다.
- 상품의 포장에 장식적 가치를 더할 수 있다.
- 시각적인 흥미를 줄 수 있다.
- 구매자의 감성을 자극하여 구매동기 효과를 줄 수 있다.

따라서 일러스트레이션은 표현양식에 따라 이미지가 결정되는데, 그 종류를 살펴보면 다음과 같다.

● 사실적인 표현

섬세하고 정교한 것을 강조하고 싶을 때 효과적이다. 메뉴의 표현에 많이 사용되고 있다.

● 회화적인 표현

정확한 표현보다는 형태문형 또는 강조하면서 메시지의 표현을 재미있고 아름답게 한다.

● 그래픽적 표현

면적을 색으로 분할하여 평면으로 채색하여 나타내는 것으로 장식성이 강하다.

● 입체적인 표현

종이, 지점토, 천 등의 재료로 물체를 만들어 이미지에 맞게 채색하여 스튜디오에서 인쇄용 컬러필름으로 촬영한 필름을 일러스트레이션으로 사용한다. 입체적이며 아름답고 재미있는 형태를 보여줄 수 있다.

● 만화적인 표현

메시지를 만화만이 갖는 과장성, 풍자성, 유머있게 표현할 수 있으며 어느 계층에서나 폭넓게 부담 없이 받아들이는 장점이 있다.

② 여백

여백은 인쇄되지 않은 부분을 말한다. 메뉴에 있어서는 여백이 필요하다.

메뉴음식의 나열, 그림, 그리고 기타 다른 것들을 위하여 이용 가능한 전체 여백 중에서 50% 이상을 차지하게끔 하는 것은 바람직하지 않다. 여백은 유형을 강조하게 되고, 메뉴를 쉽게 읽을 수 있게 하며, 어지럽게 보이는 것을 피할 수 있게 한다. 여백이 50%도 안된다면 메뉴는 상당히 복잡하게 보이게 되며 고객들이 메뉴를 읽고 음식을 결정하는 데에 어려움을 갖게 된다.

가장자리, 즉 메뉴의 테두리는 여백의 한 형태로 일관되어야 한다. 이것은 메뉴의 균형을 유지할 수 있게 하며 쉽게 읽을 수 있게 한다. 좌측에 그 유형의 균형을 유지할 수 있게 하며 쉽게 읽을 수 있게 한다. 좌측에 그 유형의 균형이 잡히지 않는다면, 우측의 유형도 균형이 잡히지 않을 수 있다.

메뉴의 항목과 그림의 배열에 있어서 밑줄 여백을 두게 된다면, 그것을 효과적으로 이용할 수도 있다.

③ 대조 및 비례

메뉴의 크고 작음의 대조, 밝고 어두움의 대조를 가져 리듬을 주며 지면을 등분할 때나 사진의 지면에 넣을 때 분할된 면적 또는 사진의 긴 변과 짧은 변이 서로 일정한 비례를 유지하면 안정감이 있다. 문자, 사진, 그림 간의 적당한 비례가 있게 하려면 문자의 크기, 형태, 위치 등에 세심한 연구가 있어야 함은 물론 사진이나 그림에서 긴 변은 어느 정도의 비례로 할 것인가? 제목류와 본문 문자의 크기의 비례 등을 살펴야 한다. 보통 시각적인 비례의 기본은 황금비례(황금분할)가 응용되고 있다.

④ 리듬

지면 구성에 있어 같은 형태를 반복하여 시각적으로 움직임을 느끼게 하는 동적인 변화를 일컫는다.

제6절 메뉴디자인 평가

메뉴디자인 평가는 그 레스토랑에 대해 전혀 모르는 제3자를 통해 평가할 수 있다. 즉 그 레스토랑에 대해 들어본 경험과 만나본적도 없는 제3자에게 메뉴북을 평가하게 하여 업태, 고객층, 서비스, 분위기 등 레스토랑의 전반적인 사항을 인식을 하게 된다면 우수한 메뉴북이라고 할 수 있다.

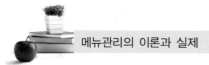

레스토랑을 대표하는 메뉴판이 제공해야 할 정보로는 다음과 같은
것들이 있다.

① 레스토랑에 대한 전체적 인상
② 업종
③ 고객층
④ 서비스
⑤ 시설 및 설비
⑥ 시각효과
⑦ 배치 및 표현

메뉴는 레스토랑이 제공하고 있는 전반적인 내용을 설명해 주는
고객과의 의사전달 수단으로서의 마케팅 역할을 수행하고 있는 반
면, 레스토랑의 메뉴북은 레스토랑의 상품 카탈로그다. 따라서 레스
토랑의 콘셉트를 명확하게 표현할 수 있어야 하며 모든 요소들과 균
형 및 조화를 이루어야 한다. 상품을 소개하는 카탈로그는 고객을
유치하는데 중요한 역할을 하기 때문에 전력을 다해 투자하고 지속
적으로 연구해야 한다.

<그림 4-7> 메뉴디자인 평가 요소

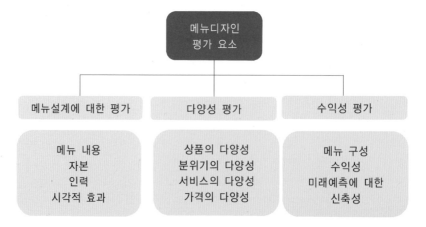

Chapter 05

메뉴의 가격결정

제1절 메뉴 가격결정의 이해

1. 가격의 개념

가격(price)이란, 제공되는 상품 및 서비스에 대한 대가로 요구하는 재화단위로서 소비자가 소유하거나 사용하게 된 제품이나 서비스가 제공하는 이점과 혜택을 교환하는 대가로 소비자가 지출하는 가격이다.

이는 재화 및 서비스에 부여된 가치로서 서비스나 상품, 제품 혹은 이에 수반되는 서비스의 조합, 이점, 혜택을 획득하거나 교환하는데 지불하는 화폐단위의 양을 의미한다. 일반적으로 제품과 서비스 등의 품목가격은 개별기업에 있어 시장수요를 결정짓는 중요한 요인 중 하나로 작용하는데, 특히 기업의 시장 점유율과 시장 내 경쟁적 지위에 상당한 영향을 미치고, 또한 기업의 영업이익, 순이익 등 수익과 연관이 있다.

경제학적 측면에서 살펴보면 자유시장체제 하에서 가격은 사회 시스템의 다양한 구성요소들에게 재화와 서비스를 할당하는 데 도움을 주는 것을 주목적으로 하고 있다. 이는 재화나 서비스를 취득하게 될 사람을 결정함으로서 사회시스템에서 이용 가능한 재화와 서비스를 의미하며 시장에서 재화나 서비스의 양을 결정한다.

수요(demand)는 경제 주체인 개인이나 기업 등이 제시된 가격에서 구매할 의사가 있거나 구매하고자 하는 재화의 양이나 서비스를 의미하며, 시장에서 재화나 서비스를 교환이나 판매를 목적으로 구입하려는 것을 의미한다. 수요란 수요곡선으로서 재화나 서비스에 대해 판매자가 제시한 다양한 가격과 이러한 각각의 가격에서 재화 혹은 서비스의 판매량 간의 관계를 나타낸 것인데, 가격과 수요량의 관계에서 보통 가격이 상승하면 수요는 감소한다.

공급(supply)은 요구되는 수요만큼 재화나 서비스를 제공하는 것으로서 시장에서 일정시점을 기준으로 제시된 가격으로 판매하려는 재화나 서비스의 양을 말한다. 공급이란 마케터가 제시된 각각의 다양한 가격에서 공급할 재화와 서비스의 양을 의미한다. 일반적으로 이 공급량은 제시된 재화나 서비스의 가격이 상승하면 감소하고, 하락하면 상승한다. 마케팅믹스 변수로서의 가격은 모든 기업 활동에 대한 수익원으로서 단위판매량에 영향을 미친다. 오늘날 마케팅 전략측면에서 가격에 대한 역할이 상대적으로 축소되고 있기는 하지만, 마케팅믹스 변수로서 가격은 아직도 고객에게 있어서는 재화나 서비스 선택의 가장 민감한 부분이자 중요한 요소 중 하나이다. 일반적으로 시장에서 수용할 수 있는 적절한 가격 결정은 수요증대를 가져오고, 시장 환경 변화에 신속하게 반응할 수 있다. 한편 가격은 촉진전략과 긴밀한 연관이 있는데, 촉진의 주된 역할 중에는 제공되는 재화나 서비스가 제시된 가격보다 최소한 더 많은 가치부여를 잠재적인 고객에게 설득시키기 때문이다.

2. 가격결정이론의 이해

1) 신제품 가격결정이론

(1) 초기고가격

시장도입기에 그 시장의 고소득층으로부터 많은 이익을 획득하기 위해 설정하는 것으로서 제품의 품질과 이미지가 높은 가격을 뒷받침할 수 있으며, 경쟁자의 제품이 쉽게 시장에 진입할 수 없을 정도로 품질수준이 높을 때 가능하다.

(2) 침투가격

도입기에 낮은 가격으로 신속하게 시장에 깊숙이 침투하기 위한 가격전략이다. 이로서 많은 구매자를 확보하고 시장점유율을 확대할 수 있다. 이 전략은 시장이 가격에 민감할 시기에 구매량이 증가함에 따라 원가를 절감할 수 있으며, 경쟁사가 시장에 쉽게 진입할 가능성이 있는 환경에 적용된다.

2) 가격조정 전략

(1) 할인 전략

고객들로 하여금 대금을 지불케 하거나 대량구입과 비수기의 구입 및 고객들에 대한 호의에 따라 가격을 조정하는 것으로서 현금할인, 수량할인, 기능할인, 계절할인 등이 있다.

(2) 세분된 차별가격

고객별, 제품별, 시장별에 따라 기본가격을 조정하는 것으로서 가격세분시장 할인가격, 제품형태별 할인가격, 시장별 차별가격, 시간제별 할인가격이 있다.

(3) 심리적 가격

단순히 경제성을 고찰하는 것이 아니라 가격의 심리적 가치를 고찰하는 것으로서 심리가격, 수준가격, 단수가격 등이 있다.

(4) 촉진적 가격결정

일시적으로 자사의 가격을 정가 이하로, 또는 원가 이하로 판매하는 것으로서 유도용 상품, 특별행사 가격, 현금반환 등이 있다.

(5) 가치 가격결정

정당한 가격으로 품질과 양질의 서비스를 적절하게 배합하여 공급하도록 하는 것으로서 특별가격에 더 좋은 제품을 또는 원가에 동일한 품질을 제공하기 위해 현재 상표를 재 디자인하는 것과도 연관된다. 또 가치 가격화는 표적소비자들이 추구하고 있는 가치를 그들에게 제공하는 품질과 가치간의 세심한 균형을 찾는 것을 의미하며, 또한 가격인하와 더불어 품질은 그 형태를 유지하거나 오히려 개선함으로써 기업에 이익을 남기는 것을 의미한다.

3. 가격결정의 목적

메뉴가격을 결정하는 것은 외식업체의 운영과 주방운영의 측면에서 여러 가지 중요한 요인들이지만 고객에게 제공될 메뉴상품의 추정가치를 제시함으로서 판매수요를 충족시키는 데 목적이 있다.

1) 이익지향적 목적

(1) 목표수익률 달성목표
업장의 매출목표 달성과 수익성을 확보한다.

(2) 이익극대화 목표
이익극대화를 위한 객단가를 결정한다.

2) 판매지향적 목표

(1) 판매량 증대 목적
레스토랑의 목표는 일정기간 판매량 증가에 있지만 반드시 이익과 일치하지 않는다.

(2) 시장점유율 유지 또는 증대 목표
동종업계에서 특정 레스토랑이 차지하고 있는 매출액의 비율로 시장 점유율을 알 수 있다.

3) 현상유지 목표

(1) 가격안정화 목표

대기업이 운영하는 레스토랑이 가격리더가 되며 아이템이 표준화되어 있을 경우 가격결정 목표로 이용된다.

(2) 경쟁회피 목표

경쟁레스토랑이 유입되는 것을 피하기 위해 낮은 가격을 설정하는 것이다.

4. 가격결정의 요소

모든 식당의 요리는 고객을 위해서 서비스해야 하고 현재나 미래의 예상고객과 그에 따른 환경적 요소들을 면밀히 제시해서 분석할 필요성이 있다.

경쟁적인 식당에서 요리품목의 선정이나 가격수준을 설정하고 그 욕구를 위한 노력을 계속하기 위해서는 식당경영자는 어떤 고객층이 자기식당을 애용하고 있고 어떤 요소들이 고객으로 하여금 식당을 찾게 하는가 등의 가격결정을 함에 있어서 여러 가지 복합적인 요소들이 내포하고 있는 것이다.

따라서 넓은 의미에서 크게 두 가지로 나누어 본다면 거시적인 관점에서 식당 전체적인 이미지 또는 지명도이고 미시적인 관점에서는 고객의 심리작용을 유발할 수 있는 식당고객의 서비스와 분위기, 요리의 맛과 질 등을 생각할 수 있다.

식당의 전체적인 이미지가 제공될 때 식당시설에 대한 시장성과 수요는 다양한 요소들을 세분화 할 수 있다. 이러한 세분화된 고객의 욕구와 고객이 지불하는 조건에 만족하는 서비스의 질과 요리의 맛, 식당의 지명도에 따라 판매가격이 결정되는 것이다.

메뉴 가격결정의 실제

1. 가격결정 방법

가격결정에 있어 일반적 접근방법으로는 원가중심의 가격결정, 수요중심의 가격결정, 경쟁자중심의 가격결정, 신제품 가격결정 등이 있다.

기업은 상황에 따라 이 중 하나의 방법을 선택하거나 혹은 두 가지 이상을 서로 조합해서 사용할 수 있다. 그러나 가격결정을 위해서는 기본적으로 원가가 우선적으로 중요한데, 원가라는 것은 가격결정의 하한선이기 때문에 가격의 결정은 재화나 서비스를 생산하고 판매하는데 소요되는 모든 비용을 충당하고 적정수익률이 보장되도록 결정되어야 한다.

1) 원가중심의 가격결정

원가중심의 가격결정이란 가격을 결정할 때 특히 원가를 중요시하는 방법이다. 원가중심의 가격결정에는 원가가산법(cost-plus pricing)과 목표이익 가격결정법에 의한 가격결정이 있다. 이 방법들은 가장 널리 사용되는 방법이기는 하지만, 시장경쟁 환경과 수요자인 고객의 고려가 결여되어 있다.

(1) 원가가산법

보통 가장 많이 활용하는 원가지향적 방법으로 단위당 원가에다 일정률의 이익(margin)을 가산하여 가격을 설정하는 방법이다. 원가가산법(cost-plus pricing)은 시장의 수요예측의 어려움으로 제품원가에 표준이익을 가산하여 가격을 설정하는데, 매우 간단하기에 널리 이용되지만 경쟁기업을 고려하지 않고 일정수요량을 기준으로 가격결정을 하기에 특정수요량의 달성 여부가 관건이며, 또한 인플레이션 같은 기업 환경변화로 인해 원가를 정확하게 계산할 수 없다는 단점이 있다.

(2) 목표이익 가격결정법

원가지향적 가격결정의 대표적인 방법 중 하나인 목표이익에 의한 가격결정은 일정제품 생산량의 총비용에 특정 목표이익을 합산하여 가격을 결정하는 방법이다. 따라서 손익분기점, 즉 재화나 서비스를 생산하고 마케팅 등 총비용과 판매금액이 일치하는 분기점에서 일정 목표이익률을 부가하여 가격을 정하는 방법이다.

2) 수요중심의 가격결정

수요중심의 가격결정이란 재화나 서비스에 대한 수요의 강약과 소비자의 가치에 대한 인식을 중요시하여 가격을 결정하는 것이다. 즉 기업이 원가가 아니라 잠재고객의 가치에 대한 인식이나 지각을 근거로 가격결정을 함을 말한다. 따라서 원가보다는 수요고객의 심리를 토대로 가격을 결정하는 것이다.

3) 경쟁중심의 가격결정

경쟁중심의 가격결정이란, 경쟁상대의 가격에 대응하는 가격결정이다. 경쟁중심의 가격결정에는 경쟁자 모방에 의한 가격결정과 공개입찰에 의한 가격결정 및 선도가격에 의한 가격결정 등이 있다.

경쟁사 모방에 의한 가격결정은 경쟁중심의 가격결정에서 가장 널리 사용되는 방법으로서 자사의 비용 또는 수요보다는 경쟁사의 가격, 즉 업계 가격기준을 기초하여 가격을 결정하는 것이고, 공개입찰에 의한 가격결정은 기업이 공개입찰에 응찰할 경우 자사의 비용이나 수요보다는 경쟁사들이 어느 정도로 가격을 형성할 것인가를 예측하여 가격을 결정하는 방법이다. 그리고 선도가격에 의한 가격결정은 동종업계에서 가격을 선도하는 기업의 가격과 동일하게 가격을 결정하는 방법이다.

4) 신제품의 가격결정

신제품 출시 시 시장에서 신제품의 제품기준의 척도나 위치에 따라 고가격 책정이나 침투가격 책정이 있다.

2. 메뉴 가격결정의 영향요인

가격의 결정은 기업노력의 성과(이윤)와 직접 결부되는 가장 중요한 의사결정의 하나이다. 그러므로 마케팅관리자는 물론 최고경영자는 가격결정에 관한 많은 정보를 검토하고 기대성과를 획득할 수 있는 가격을 결정해야 한다.

일반 마케팅에서는 상품의 가격을 결정하는데 있어서 고려해야 할 변수를 〈그림 5-1〉과 같이 제시하고 있다.

<그림 5-1> **가격결정에 고려되는 주요변수**

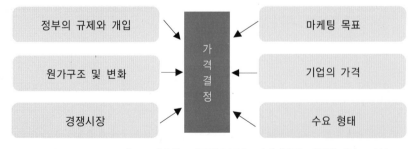

자료 : 이우현·정구영(1991), 마케팅원론, 형설출판사, p.419.

기업에서와 달리 레스토랑에서 가격을 결정하는데 고려하는 객관적인 변수들은 다음과 같다.

(1) 수요의 탄력

메뉴에 제공되는 아이템, 가격, 질 그리고 기타 환경의 변화는 수요를 증가 또는 감소시킬 수 있다. 특히 가격인상은 수요에 아주 민감한 반응을 보인다.

(2) 고객이 인지한 가치

고객은 식사의 대가로 요구받은 금액을 지불한다. 여기서 말하는 식사의 대가란 포괄적인 의미로 고객에게 제공된 모든 가치를 말한다. 고객이 서비스 전 과정에서 제공받은 유형, 무형의 서비스에 대한 가치를 말하며 이것을 식사경험(meal experience)이라고 한다. 고객은 지불한 가치와 제공받은 식사의 가치를 비교한 후 지불한 만큼의 가치여부를 평가하게 된다.

(3) 경쟁

가격결정에 가장 큰 영향을 미치는 변수로 알려져 있다. 특히 우리나라의 경우 제공되는 유, 무형의 서비스에 대한 차별화가 뚜렷하지 않은 경우에 가격결정에서 경쟁의 고려는 절대적이다.

(4) 정부의 규제

가격 자율화 이후에도 물가안정과 과소비 억제정책의 일환으로 정부로부터 상당한 규제를 받고 있다.

(5) 위치

레스토랑이 위치한 장소에 따라 가격은 큰 영향을 받는다.

(6) 서비스 타입

고객에게 제공하는 음식뿐만 아니라 유, 무형의 서비스 종류와 질도 가격결정에 영향을 미친다.

(7) 질과 맛

음식의 질은 이용하는 식자재의 신선도와 질과 맛, 조리방식, 생산부서와 판매부서 종사원의 기능 정도 등에 따라 영향을 미친다.

(8) 매출액

레스토랑의 규모와 예상매출액 역시 가격결정에 영향을 미친다.

(9) 제비용

고객에게 제공할 유, 무형의 상품을 생산하는데 소요되는 비용은 가격결정에 지대한 영향을 미친다.

(10) 식재료 원가

가격결정에 가장 영향을 많이 미치는 것이 식재료 원가이다.

(11) 생산방식

중앙주방시스템 혹은 단일주방시스템의 여부 그리고 사용하는 식자재가 완제품 또는 반제품 여부도 가격결정에 큰 영향을 미친다.

(12) 판매 가격정책

제조업자나 판매업자가 판매가격을 결정하거나, 이미 결정되어 잇는 가격을 운영하는 데에 따라야 하는 영업상의 방침을 말한다.

(13) 원하는 수익률

영업을 통하여 얼마의 수익률을 기대하느냐에 따라서도 가격결정은 영향을 받는다.

(14) 가격수준과 가격 폭

사전에 설정된 가격수준과 가격의 폭, 그리고 가격점과 가격점 간의 차이 등도 영향을 미친다.

(15) 식자재의 공급시장

식자재의 공급시장의 위치와 조건은 가격결정에 커다란 영향을 미친다.

3. 메뉴 가격결정방법

1) 원가의 개념

(1) 원가의 의의

원가(cost)란 어떤 재화나 용역(서비스)을 얻기 위하여 희생된 경제적 자원을 화폐단위로 측정한 것이라고 정의 한다. 즉 수익을 얻기 위한 목적으로 새로운 재화의 취득 또는 생산, 판매, 관리활동과 관련하여 정상적으로 소비된 화폐적 가치를 의미한다.

메뉴의 원가는 식재료의 구입방법, 보관과정, 생산과정, 판매과정에 따라 원가를 달리할 수 있다. 원가에 관한 용어도 변화, 발전되어 왔는데 오늘날 원가가 될 수 있는 요건은 다음과 같이 요약할 수 있다.

① 원가는 급부(out put)생산과 관련이 있어야 한다.
② 원가는 경제적 가치가 소비되어야 한다.
③ 원가는 경영목적과 관련되어야 한다.
④ 원가는 정상적인 상태에서 소비되어야 한다.
⑤ 원가는 화폐단위로 측정될 수 있어야 한다.

(2) 원가관리의 개념

예전의 원가관리는 표준원가차이분석에 의한 관리, 즉 표준원가에 의한 관리(cost control)라는 사후적 원가통제라는 개념으로 사용하였다. 오늘날에는 이익관리의 일환으로서 여러 측면에서 비교분석하고 이를 위한 계획 및 관리 등 기업의 원가절하의 목표를 실현하기 위한 모든 관리활동을 의미하는 코스트 매니지먼트(cost management)라는 포괄적인 의미로서 표현된다.

원가관리는 이익을 관리하기 위한 가장 중요한 요소 중 하나로서,

1차적으로 원가관리의 주요목적은 원가를 구성하는 판매원가와 판매비, 일반관리비 등을 포함하는 전반적인 경비의 표준액과 표준비율을 설정하고 실제의 원가와 차이를 분석하여 원가능률의 개선과 향상을 기하기 위함이다. 따라서 효율적인 원가관리는 기업이윤을 창출하기 위한 직접적인 관련성이 있기 때문에 중요하다. 원가계산은 원가관리를 위한 수단적, 과정적 기능을 갖는데, 목적은 다음과 같다.

① 식음료 상품을 판매하기 위한 가격을 결정하는 데 필요한 기초자료로 사용된다.
② 원가절감을 위한 계수적 관리목표
③ 예산편성을 위한 기초자료로 사용된다.
④ 재무제표 작성과 재고품 원가산출의 자료를 제공하고, 기타 목적을 위한 원가수치를 제공한다.

(3) 원가와 비용

원가와 비용은 기업경영의 자본순환과정에서 나타나는 경제가치의 소비액을 화폐액으로 측정한 것이라는 점에서 동일하다. 그러나 원가는 재화나 용역을 생산하여 판매하기 이전의 자산형태로 생산과정의 소비의 미 소멸원가인 반면 비용은 수익창출인 판매과정에서 일어나는 경제가치의 소비이므로 개념상 원가는 자산이고, 비용은 자산인 원가가 소멸원가로 볼 수 있다.

<그림 5-2> **원가와 비용관계**

(4) 원가의 구조

원가의 일반적으로 형태적으로 보면 재료비, 노무비, 경비로 크게 구성되고 이를 원가의 3요소라고 한다. 여기서는 원가를 직접원가,

제조원가, 총원가, 판매가격으로 구성하여 설명한다.

<표 5-1> 원가의 구조

직접원가 (기초원가)	직접노무비 + 직접재료비 + 직접경비
제조원가 (상품원가)	직접원가 + 제조간접비(간접재료비, 간접노무비, 간접경비)
총원가	일반관리비 + 판매간접비 + 판매직접비 + 제조원가
판매가	총원가 + 이익

<그림 5-3> 원가의 구조

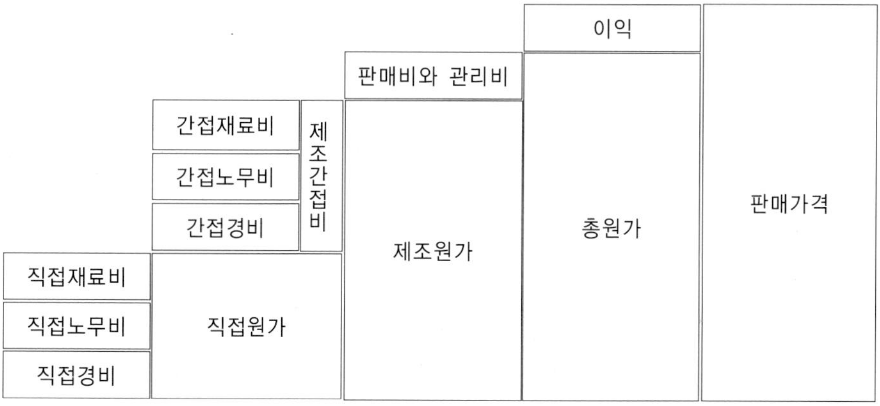

자료 : 신성식, 원가관리회계, 법정사, 1999, p.43.

① 직접원가(direct costs)

제품을 생산하기까지 소요되는 직접적인 원가요소만으로 구성된 원가로서 특정제품의 제조를 위해 소비된 비용이다. 기초원가, 프라임코스트(prime cost)라고도 하며 다음의 3가지를 포함한다.

ⓐ 직접재료비(예 : 식재료 구매비용)

ⓑ 직접노무비(예 : 임금)

ⓒ 직접경비(예 : 외주가공비)

② 제조원가(manufacturing costs)

직접원가에다 제조간접비를 포함한 것으로서, 제품을 생산하는 과정에서 소요되는 요소의 원가를 의미하는데, 일반적으로 제품의 원가라 함은 이것을 의미한다.

　ⓐ 간접재료비(예 : 보조 재료비)

　ⓑ 간접노무비(예 : 수당)

　ⓒ 간접경비(예 : 감가삼각비, 보험료, 수도광열비)

③ 총원가(total costs)

총원가란 제조원가와 관리비를 합산시킨 원가를 의미한다. 즉 제조되어 판매될 때까지 생긴 모든 원가요소를 포함하는 것으로 변동원가와 고정원가를 합한 판매가(selling cost), 영업비(operating costs)라고 한다.

④ 판매가격(selling costs)

제품의 판매가격으로서 총원가에다 이익을 더한 것이다.

2) 메뉴 가격결정방법

(1) 메뉴가격결정의 목적

메뉴가격을 결정하는 과정에서 중요하게 여겨야 할 사항은 판매시장은 수요상황과 식재료의 구매원가를 접목시켜 합리적인 가격결정의 목표를 설정해야 한다. 메뉴에 대한 적절하고 합리적인 가격결정은 고객의 심리적 충족과 경제적 충족을 동시에 만족시킬 수 있는 대표적인 대안이 된다.

일반적으로 메뉴가격결정의 목적은 다음과 같다.

① 레스토랑의 매출목표 달성과 수익성 확보

② 객단가의 이익 극대화

③ 고객별 점유율 유지

④ 주방과 레스토랑 경영의 합리화 방안 모색

이처럼 메뉴가격의 적절한 정책에 의해서 판매수요에 관한 예상가치를 충족하고 메뉴상품의 이익 증대를 위해 유익한 결정방법을 만들어 내고자 하는데 목적이 있다.

(2) 메뉴가격결정 방법의 분류

"판매가격의 결정은 과학이 아니고 전략이다." 또한 "판매가격은 계산하는 것이 아니고 결정하는 것이다"라고 말하는 것과 같이 판매가격을 결정하는 것은 다양한 요인에 따라 여러 가지 방법이 있다.

코틀러(P. Kotler)는 가격결정의 방법을 원가지향적 가격결정, 수요지향적 가격결정, 경쟁지향적 가격결정으로 제시하고 있으며, 옥센펠트(A. R. Oxenfeldt)는 완전가격결정 방법과 부분적 가격결정 방법의 두 가지를 들고 있다.

실제의 가격결정 방법은 〈표 5-2〉와 같이 수요중심가격, 경쟁중심가격, 원가중심가격, 복합적 가격으로 크게 구분할 수 있다.

그러나 이들 여러 방법은 모든 상황에 적용되는 것이 아니고 서로 다른 상황에서 적용되거나 또는 동시에 적용될 수 있는 방법으로 보아야 할 것이다.

〈표 5-2〉 메뉴 가격결정 방법의 분류

수요중심가격	경쟁 중심가격
• 인지된 가치 방법 • 명성가격 설정법 • 단수가격 설정법	• 가격 선도제 • 관습적 가격 설정 • 시장점유율 확보가격 설정법
원가 중심가격	복합적 가격
• 원가가산 가격 설정법 • 투자수익률 기준가격 설정법 • 경험곡선에 의한 가격 설정법	• 한계분석에 의한 가격 설정 • 다단계방식에 의한 가격 설정 • 경쟁입찰에 의한 가격설정

자료 : 이우현 외, 마케팅원론, 형설출판사, 1991. p.438.

(3) 메뉴 가격결정 방법의 실제

① 원가지향적 가격결정

원가지향적 가격결정(cost-oriental pricing)은 가격을 결정할 때 특히 원가를 중요시하는 방법으로 기타의 변수를 고려하여 판매가를 결정하는 방법이다. 다음은 메뉴 가격결정 방법에서 가장 많이 사용되는 방법을 정리하였다.

가. Factor를 이용하는 방법

고려되는 변수	계산 절차	장 점	단 점	비고
• 식재료 원가율 • 식재료 원가	1. 식재료 원가율 설정(원하는 원가율) 2. 팩토를 구한다. 3. 식재료 원가에 팩토를 구하여 판매 가격결정	판매가의 계산 간편	식재료 원가율만 고려	판매가를 100% 기준으로 한다.

사 례

---

1. 식재료 원가율 : 25%
2. 100/25 = 4(팩토)
3. 만약 식재료 원가 : 3,500원일 경우 판매가는 아래와 같다.
   3,500원(식재료원가) × 4(팩토) = 14,000원(판매가)

나. Prime cost를 이용하는 방법

고려되는 변수	계산 절차	장 점	단 점	비고
• 식재료 원가율 • 식재료 원가 • 직접 인건비	1. 프라임 코스트를 구한다. 2. 프라임 코스트율을 비한다. 3. 팩토를 구한다. 4. 판매가 계산	인건비를 고려함	직접 인건비에 대한 산출이 모호함	• 직접 인건비는 전체 인건비의 1/3로 추정함 • 소수점 둘째 자리에서 반올림하여 계산함

사 례

식재료 원가율 25%, 전체 인건비율 30%, 식재료 원가 3,500원, 직접 인건비 2,000원일 경우
1. 식재료 원가(3,500원) + 직접 인건비(2,000) = 5,500원
2. 판매가(100%) − 식재료 원가율(25%) = 마진(75%) − 직접 인건비율(10%)
   = 프라임 코스트율(65%)
3. 100/65 = 1.5(팩토)
4. 3.500원(식재료평가) × 1.5(팩토) = 5,250원(판매가)

다. 실제 원가비용을 이용하는 방법

고려되는 변수	계산 절차	장 점	단 점	비고
• 식재료 원가 • 인건비 • 변동비율 • 고정비율 • 이익률	1. 식재료가 원가가 인건비를 산출한다. 2. 변동비율, 고정비율, 이윤율을 결정한다. 3. 식재료 원가와 인건비가 차지하는 비율을 계산한다. 4. 판매가를 계산한다.	모든 원가 요소와 이윤을 포함한 계산 방식	계산에 필요한 정보에 따라 정확도에 차이가 있음	비율은 매출액을 기준으로 한다.

사 례

1. 식재료 원가 3,500원 인건비 2,000원
2. 변동비 8%, 고정비 10%, 이윤 15%
3. 판매가(100%) = 식재료 원가(3,500원) + 인건비(2000원) + [변동비(8%) + 고정비(10%) + 이윤(15%)]이므로 식재료 원가와 인건비가 차지하는 비율은 67% (100% − 33%)이다.
4. 5,500원(3,500 + 2,000) = 67% × 판매가이므로 판매가는 8,208원이 된다.

라. 식재료 원가를 제외한 방법

고려되는 변수	계산 절차	장 점	단 점	비고
• 변동비 • 고정비 • 이윤	1. 식재료 원가를 제외한 변동비, 고정비, 이윤을 결정한다. 2. 식재료 원가가 차지하는 비율을 계산한다. 3. 팩토를 계산한다. 4. 판매가를 계산한다.	판매가의 계산이 간편		

사 례

1. 변동비 8%, 고정비 10%, 이윤 15%
2. 판매가(100%) − [변동비(8%) + 고정비(10%) + 이윤(15%)] = 식재료 원가(67%)
3. 100/67 = 1.5
4. 판매가 = 식재료 원가 × 팩토(1.5)

마. 매출 총이익을 이용하는 방법

고려되는 변수	계산 절차	장 점	단 점	비고
• 총매출액 • 식재료 원가 • 고객수	1. 메인 아이템 이외의 원가를 계산한다. 2. 메인 아이템의 원가를 계산한다. 3. 판매가를 계산한다.	판매 아이템의 수가 적을 경우와 아이템 간 원가 차이가 적을 경우 적합한 방식	계산에 일률적으로 적용하는 부분이 원가와 판매가의 구조에 이상을 초래함	카페테리아, 패스트푸드, 단체급식에 적합함

사 례

총매출액 5천만원, 식재료 원가 2천만원, 고객수 3,000명일 경우, 총이익은 3천만원이며 객당 총이익은 1만원이 될 것이다.
1. 3,000원
2. A(3,000원), B(5,000원), C(7,000원)일 경우 A의 판매가는 16,000(객당 총익 + 메인 이외의 원가 + 메인원가)이며, B의 판매가는 18,000원 그리고 C의 판매가는 20,000원이 된다.

바. 미국 텍사스 레스토랑협회 방법

고려되는 변수	계산 절차	장 점	단 점	비고
• 식재료 원가 • 식재료 원가율 • 인건비율 • 변동비율 • 고정비율 • 이윤율	1. 인건비와 고정비, 변동비를 산정한다. 2. 이윤을 산정한다. 3. 식재료 원가율을 계산한다. 4. 판매가를 계산한다.	이윤을 중요시하여 선호도와 수익률에 따라 이윤폭을 제시함.	선호도의 판단 기준을 제시하지 못함	• 판매가를 100% 기준으로 한다. • 소수점 둘째 자리에서 반올림하여 계산함.

사 례

1. 인건비율(30%), 고정비율 (10%), 변동비율(8%)로 산정한다.
2. 이윤율(15%)로 산정한다.
3. 식재료 원가율(52%) = 판매가(100%) − [인건비율(30%) + 고정비율(10%) + 변동비율(8%) + 이윤율(15%)]
4. 만약 식재료 원가가 3,500원이라면 판매가는 6,650원이 된다.
   [3,500 × 1.9(100/52)]

② 수요중심의 가격결정

수요량을 추정하여 매출에 따른 이익이 최대가 되도록 가격을 결정한다.

● 단수가격

5,000원, 10,000원에 판매하는 대신 4,990원, 9,990원이라는 단수금액을 설정하는 것이다. 단수가격을 사용함으로서 고객들로 하여금 실제가격보다 싸게 인지하게 만드는 심리적 효과이다.

● 가격단계 설정법

가격 점에서는 수요가 탄력적이지만 가격 점 사이에서는 비탄력적이라는 원칙을 이용한다.

● 유인가격 설정법

백화점, 연쇄점에서 특정 상품을 싸게 판매함으로써 다른 상품의 구매를 유도한다.

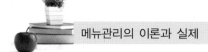

● 틈새전략

틈새전략을 추구하는 외식업체는 전략적으로 자사 메뉴의 가격을 경쟁 외식업체가 제공하는 메뉴의 가격과 다르게 하려고 한다. 이런 때는 보통 비어있는 가격대의 수준에서 가격이 책정된다.

● 모방

고객에게 제공할 아이템을 선정할 때 메뉴 계획자들의 수준이 거의 같거나 비슷한 동종의 다른 외식업체의 메뉴를 모방하는 경향이 있다. 이렇게 모방된 아이템의 매가는 모방한 외식업체의 매가를 수정 또는 그대로 이용한다. 매가결정의 중요성을 생각하면 바람직하지 못한 방법이지만 매가에 대한 의사결정자들이 많이 사용하는 방법이다.

③ 경쟁 중심의 가격결정

경쟁지향적 가격결정법은 제품의 원가나 수요보다도 경쟁업자의 가격을 기준으로 가격을 결정하는 방법이다. 이 방법의 특징은 가격결정시 제품의 원가나 수요보다는 경쟁기업의 가격변동을 더 중요하게 고려한다.

● 가격 선도제

선도기업이 가격을 결정하면 나머지 기업들은 이에 따라서 가격을 결정하는 가격이다.

● 관습적 가격 설정법

기업들이 사회관습에 의해 관행적으로 결정하는 가격이다. 장시간에 걸쳐 가격변동이 없어서 가격이 조금만 올라도 판매량이 급격히 떨어진다.

● 시장 점유율 확보가격 설정법

침투가격은 자사의 상품을 처음 판매하는 경우에 시도되고 자사가 제시하는 가격이 소비자들이 기존 사용하던 상표를 포기하고 자사 상품을 구입할 것이라는 전제 하에 시도하는 가격설정법이다. 이때 자사가 제시하는 가격은 침투가격이다.

3) 메뉴가격 전략

앞에서 살펴본 여러 가지 가격전략 중 어떤 하나의 특정 이론이 레스토랑의 가격 정책에 부합될 수는 없을 것이다. 그러나 이러한 고려되는 변수와 방법들은 하나의 기준을 마련해 주는 대안이 될 수 있을 것이다. 메뉴의 계획 및 디자인과 더불어 성공적인 가격정책은 고객만족, 고객 욕구충족으로 이어질 것이며 그에 따른 레스토랑의 목표접근도 가능할 것이다. 또한 주 5일제 근무의 전면적인 시행으로 여가시간의 증대와 외식문화의 성장은 더욱 확대될 것이다.

(1) 수량할인(quantity discount)

원칙적으로 수량할인은 대량구매를 하는 고객에게 제공하는 가격 정책이나 레스토랑에서는 일정기간 동안 방문한 고객의 추계에 따라 누적할인(cumulative discount) 제공을 의미한다. 또한 세트단위의 메뉴를 선택하였을 경우 '하나 더'를 추가로 제공해주거나 그에 상응하는 보상이 필요할 것이다.

(2) 현금할인(cash discount)

고객이 신용카드로 결제하였을 때 보다 현금결제를 하게 되면 금리, 수수료, 위험부담 등이 절감될 것이다. 또한 현금영수증제도가 정책되고 있으므로 고객으로 하여금 현금결제를 유도할 수 있는 방법론적인 전략이 필요하다.

(3) 회원할인(membership discount)

회원으로 가입된 고객에게 할인을 적용하는 것은 오래된 관행으로 자리잡고 있다. 그러나 고객들은 카드회사 등 여러 회원카드를 활용하고 있기 때문에 충성고객으로 확보하기 위해서는 다각적인 마케팅이 필요할 것이다. 또한 회원할인의 계약이 빈번하게 변경되어 사회적인 문제로까지 언급되고 있기 때문에 마일리지 활용 방안에 대해서도 강구되어야 할 것이다.

(4) 지역별 차별가격

경영의 형태가 프랜차이즈일 경우 지역에 따른 차별가격도 고려해 볼 것이다. 각 지역별로 소득, 인구, 경쟁 등의 경영환경이 상이하기 때문에 가격의 수요탄력성 역시 차이가 있을 것이다. 따라서 탄력성이 낮은 지역에서는 상대적인 고가격, 탄력성이 높은 지역에서는 상대적인 저가격정책을 설정하는 것도 필요하다.

(5) 시간별 차별가격

계절별, 월별, 요일별 또는 하루에 있어서도 시간에 따라 가격탄력성은 존재한다. 따라서 구매의 수요가 적은 때를 인지하여 조기 할인, 계절 할인, 요일 할인, 비수기 할인 등을 고려해 보아야 한다.

Chapter 06

메뉴의 손익계산

1. 손익계산서

1) 손익계산서의 의의

　손익계산서는 일정기간동안 기업의 경영성과를 나타내는 회계보고
서이다. 이때 경영성과는 이익의 크기를 말하며, 일정기간동안 외식
기업이 벌어들인 수익과 그 수익을 창출하기 위해 희생된 비용과의
차이를 뜻하는 것으로 다음과 같은 식으로 나타낸다.

> 수익 - 비용 = 이익

　이러한 등식을 손익계산서등식이라고 하며, 손익계산서는 이와 같
은 원리에 의해서 작성된다. 즉 수익에서 비용을 차감한 것을 이익
이라고 칭한다.

　수익은 일정기간동안 기업의 영업활동을 통해 나타난 자산의 증가
를 말하고, 비용은 일정기간동안의 수익을 얻는데 소비된 자산의 감
소를 말한다. 또한 일정기간동안의 총비용과 순이익을 합하면, 그
기간의 총수익과 일치하게 된다.

　손익계산서는 수익과 수익을 얻기 위해 지출된 비용을 대응시킴으
로써 경영활동에 대한 일정기간동안의 수익과 손실에 대한 정보를
제공해 준다. 이와 같이 이익정보를 제공해 주는 회계보고서가 손익
계산서이다.

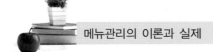

손익계산서가 제공하는 정보는 다음과 같다.

첫째, 일정기간 동안의 경영성과를 제공하여 준다.

둘째, 수익성을 평가하는데 유용한 정보를 제공하여 준다.

셋째, 이익계획을 수립하는데 유용한 정보를 제공하여 준다.

넷째, 경영자의 업적평가에 도움이 되는 정보를 제공하여 준다.

다섯째, 배당정책의 수립과 세금결정의 기초자료를 제공하여 준다.

2) 손익계산서 양식

손익계산서의 양식에는 계정식 손익계산서와 보고식 손익계산서가 있다. 계정식 손익계산서는 왼쪽의 차변에는 비용항목을, 오른쪽인 대변에는 수익항목을 대응시켜 손익을 계산하는 방식이다. 이 방식은 손익계산서를 간편하게 작성할 때 또는 회계실무를 이해하고자 할 때 주로 이용한다.

보고식 손익계산서는 수익과 비용을 순서대로 대응시켜 손익을 계산하는 방식으로서 총수익에서 총비용을 한 단계만 대응시켜 당기순이익을 계산하는 단일계산식 손익계산서와 수익, 비용을 여러 단계로 구분하여 당기순이익을 산출하는 다단계식 손익계산서로 구분한다.

단일단계식 손익계산서는 수익과 비용을 특정집단으로 구분할 필요가 없기 때문에 작성하는데 있어서 간편한 장점을 가지고 있으나, 정보이용자들에게 많은 도움을 제공하는 다양한 정보를 제공할 수 없는 것이 단점이다.

다단계식 손익계산서는 수익과 비용항목을 기능별로 구분하여 다양하게 경영성과를 보고하는 형식의 손익계산서이다. 즉 외식기업의 순이익을 매출총이익, 영업 손익, 경상이익, 법인세 비용차감 전 순손익, 당기 순손익 등과 같이 몇 단계를 거치면서 계산한다. 다단계식은 경영성과를 평가하는데 유용한 방법으로 수익과 비용을 상세하게 구분하여 서로 대응시켜 평가하는 방법이다.

3) 손익계산서 구성항목

손익계산서에서 이익을 측정하는 방법에는 자본유지접근법과 거래접근법의 방법이 있다.

일정기간의 기초와 기말의 자본을 비교하여 기말의 자본이 기초의 자본을 초과하는 경우에는 이익이 발생한 것으로 보고, 미달한 경우에는 손실이 발생하는 것으로 보는 방법이 자본유지접근법이다. 이는 기초와 기말의 두 시점에서 자산을 비교하여 그 증감액으로 이익을 측정하는 방법이다.

거래접근법의 경우에는 일정기간동안 영업활동의 결과로 획득한 수익과 그 수익을 획득하는 일련의 과정에서 발생한 비용을 비교하여 순이익을 계산하는 방법이다. 거래접근법의 경우 일정기간동안의 손익거래를 수익과 비용항목으로 구분한 후 서로 대응시켜 순이익을 측정하는 방법이다.

이 두 가지 방법 중에서 자본유지접근법의 경우에는 순자산의 증감원천인 수익과 비용을 파악할 수 없다는 한계점이 있기 때문에 거래접근법이 사용된다.

거래접근법에 따른 손익계산서 구성항목을 살펴보면 다음과 같다.

(1) 수익

회계에서 사용하는 수익이라는 용어와 유사하게 일상적인 생활에서 사용되는 개념으로 수입, 외형, 매출액, 매상고라고 표현을 한다. 수익이라는 용어도 다른 회계용어들과 마찬가지로 회계에서 사용되는 의미와 일반적으로 사용되는 의미는 조금 다르다.

수익이란 회계주체가 일정기간동안 재화나 용역을 외부에서 제공하고 얻는 화폐액이라고 할 수 있다. 즉 일정기간동안 외식기업의 주된 영업활동이나 경상적이고 반복적인 활동으로부터 획득한 순자산의 증가액을 말한다. 그런데 손익계산서에서는 수익을 영업수익과 영업외수익으로 구분하여 사용하고 있다.

그러나 회계에서 꼭 현금이 수반되어야만 수익으로 인식하는 것이 아니므로 오해를 방지하기 위해서 수입 대신 수익이라는 말을 사용한다. 즉 회계상의 수익은 현금을 받고 물건을 판매한 것뿐만 아니라 외상으로 판매한 금액도 포함하는 넓은 개념이다. 또한 음식점주인이 수입이 좋았다고 하는 경우에는 단순히 음식의 판매대금이 많았다는 것을 의미하나, 회사의 수익항목에는 상품 등을 판매해서 돈이 들어오는 것과 여유자금을 금융기관에 예치하거나 다른 회사나 사업자에게 대여하고 받는 이자와 같은 금액도 포함한다. 즉 이와 같은 경우가 영업외수익과 영업수익을 말하는 것이다.

영업수익이라는 것은 기업의 주된 영업활동에서 획득한 자산의 증가를 말하는 것으로 매출수익이 가장 대표적인 것이다. 외식업에서는 식음료상품을 판매하여 벌어들인 수익을 말하는 것이다.

영업외수익이라 함은 주된 영업활동 이외의 경상적이고 반복적인 활동으로 생성된 순자산의 증가를 말한다. 이는 이자수익, 배당금수익, 임대료 등을 말할 수 있다.

이외에 비경상적 또는 비 반복적으로 발생하는 자산의 증가분이 있는데, 이를 특별이익이라 하며, 이는 영업활동과 직접적인 관련이 없이 자산의 증가가 발생하므로 이를 수익이라고 칭한다. 엄밀히 분류하면 특별이익은 이득이라고 할 수 있으나, 순자산이 증가한다는 관점에서 유사하기 때문에 수익과 이득이라는 용어를 구분하지 않고 사용한다.

기업이 수익을 획득하기 위해서는 원재료구입, 생산, 판매, 대금회수 등의 일련의 과정을 거치게 되며, 가치는 점진적으로 증가하게 된다. 그러나 수익은 한 시점에서만 발생하는 것이 아니고 전체적인 과정을 거쳐 발생함으로 특정시점을 기준으로 하여 수익을 계산하는 것이 필요하다. 즉 수익을 인식하는 기준은 첫째, 이익을 창출하는 데 필요한 중요한 활동이 완료되었음을 요구한다. 상품매매기업은 상품을 인도하는 시점을, 서비스를 판매하는 외식기업은 서비스제공이 완료된 시점을 수익이 완료된 시점으로 본다. 둘째, 수익금액을 합리적으로 측정할 수 있음을 요구하게 되는데, 이는 현금으로 판매하였거나 외상으로 판매한 경우에는 그 금액을 합리적으로 측정 가능한 시점에서 수익으로 계산한다.

(2) 비용

비용이란 수익을 얻기 위해서 사용, 소비하는 재화나 용역을 말하는 것으로서, 원가라는 개념도 이와 비슷한 의미이다. 다만 원가 중에서 수익을 얻는데 기여하고 없어지는 원가를 비용이라고 하며, 수익을 얻는데 기여하지 못하는 원가를 손실이라고 한다. 따라서 원가는 비용이라는 개념을 포괄하는 의미이다.

즉 일정기간동안 수익을 창출하는 과정에서 소비한 재화와 용역을 총체적으로 화폐액으로 표시한 것을 의미하는 것으로, 영업활동이나 경상적이고 반복적인 활동으로부터 나타난 순자산의 감소액을 의미한다.

손익계산서에서는 비용을 영업비용과 영업외비용으로 크게 구분하고 있는데, 이것은 비용이 영업수익과 관련이 있는가, 또는 영업외수익과 관련이 있는가에 따라서 분류되는 것이다. 영업수익과 대응되는 비용은 영업비용으로 하고, 영업외수익과 대응되는 비용은 영업외비용으로 대응시킨 것이다.

영업비용은 영업수익을 획득하기 위해서 소비된 경영자원의 경제적 가치를 의미하는 것으로서 매출원가와 판매비 및 일반관리비용이 영업비용에 속한다. 외식산업에서 매출원가는 판매된 음식의 제조원가 또는 구입원가를 의미하는 것으로 식재료의 비용을 의미한다. 판매비와 관리비용은 급여, 복리후생비, 여비, 교통비, 임차료, 보험료 등과 같이 판매활동과 유지, 관리에서 발생하는 비용의 화폐가치를 의미한다.

영업외비용은 영업활동 이외의 경상적이고 반복적인 활동으로부터 발생하는 비용을 말한다. 영업외비용의 대표적인 항목은 이자비용,

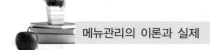

외환차손 등이 있다.

특별손실의 경우에는 비경상적 또는 비 반복적으로 발생하는 순자산의 감소이며, 재해에 의해 발생하는 손실 등이 있다.

(3) 이익과 손실

순이익은 일정기간동안에 발생한 모든 수익에서 비용의 합계를 뺀 것을 말한다. 결국 사업을 해서 번 돈에서 쓴 돈을 뺀 것을 일반적으로 이익이라 하는 것과 크게 다르지 않다. 이러한 순이익은 잉여금으로 자본의 증가, 즉 회사 주주나 사업자의 순자산의 몫이 증가하는 것을 의미한다.

손익계산서에서의 이익은 매출총이익, 영업이익, 경상이익, 법인세차감전 순이익, 당기순이익으로 구분한다.

반면에 수익보다 비용이 더 큰 경우에는 이익이라고 하지 않고 손실이라고 한다. 이러한 경우에는 사업을 해서 번 돈이 쓴 돈에 미치지 못하여 결과적으로 밑지는 장사를 한 것이다. 이와 같이 순손실이 발생하게 되며 마이너스 잉여금으로서 자본이 감소하게 된다.

2. 손익계산서 계산방법

1) 매출총이익을 계산하는 방법

(1) 매출총이익

매출총이익은 총매출액에서 총매출원가를 뺀 것으로 여기서 매출원가란 외식산업에서 음식을 만들어 내기 위해 들어가는 비용으로 재료비, 인건비, 제조경비 등의 합계액이나 상품을 구입하면서 사용한 여러 비용을 말한다. 매출총이익이란 생산 활동을 통하여 창출된 부가가치를 나타내는 이익이라고 할 수 있다.

$$매출\ 총이익 = 매출액 - 매출\ 원가$$

그리고 매출총이익을 매출액으로 나눈 비율을 매출총이익률이라고 한다. 따라서 제품별 매출총이익률을 구하면 제품별 수익성을 분석할 수도 있으며, 생산설비가 제한되어 있는 경우 제품별 수익률이 높은 제품을 생산해야 이익이 늘어나기 때문에 우선적으로 생산할 제품을 선택하는 기준으로 이용될 수 있다.

외식산업에서 총이익은 식료부문 및 음료부문의 순수익과 기타 순수익의 합계금액이다.

(2) 매출액

회사는 제품이나 상품을 판매하거나 혹은 은행에 예금을 하거나, 유가증권을 처분하거나, 또는 부동산을 처분함으로써 이익을 얻게 된다. 이처럼 다양한 수익항목 중 매출액이란 일정한 대가를 받고 상품, 제품, 서비스 등의 재화 또는 용역을 공급하는 일반적인 상거래에서 발생하는 판매수익을 말한다.

일반적으로 매출액은 판매시점에서 판매자와 구매자가 합의한 금액으로 측정된다. 현금을 받고 상품을 판매한 경우에는 상품과 현금을 교환할 당시에 받은 화폐금액을 수익금액을 보고한다. 외상으로 판매한 경우에는 미래에 회수할 현금유입액을 판매시점에서 수익금액으로 인식하면 되지만, 회수기간까지의 이자를 어떻게 보고할 것인지의 문제가 발생하나 이자액의 차액이 크지 않기 때문에 판매시점에서 결정한 금액을 매출액으로 인식한다.

(3) 매출원가

매출원가는 매출액을 벌어들이기 위해 발생한 비용이며, 상품의 경우 이를 외부에서 구입하면서 부담한 금액이 매출원가에 해당한다. 또한 제품의 경우 공장에서 이를 생산하는데 소요된 원료비와 인건비 및 기타 경비 등이 매출원가로 계상된다. 즉 외식산업에서의 매출원가는 식료원가와 음료원가 및 기타 매출원가로 구성된다. 식료원가는 고객에게 제공된 식료의 원가와 종업원들의 식사로 제공된 식료원가 모두를 의미한다. 일반적으로 식자재는 월말에 재고조사를 실시하여 식료원가를 계산한다. 식료원가는 월초 재고액에서 당월 매입액을 더한 금액에서 월말 재고액을 차감하여 계산한다. 총 매입액은 당월에 구입한 식품 및 음료의 총 송장금액에서 매입할인을 차감한 금액으로 하며, 운반비와 보관비 등은 가산한다. 음료부문으로 대체된 식료의 원가는 음료의 판매를 위해 사용된 오렌지나 레몬 등과 같이 음료를 준비하기 위해 사용된 것이며, 이는 음료원가로 보고한다. 또한 땅콩, 비스킷류, 팝콘 등과 같이 스낵류를 음료부문에서 제공된 경우에는 음료부문의 기타 비용으로 계산한다.

음료원가는 와인, 주류, 맥주 등을 비롯하여 생수, 과일, 시럽, 설탕 등의 구입원가를 의미한다. 알코올음료의 맛을 내는 소스나 수프 또는 요리에 사용하는 경우에는 식료부문으로 대체된 음료로 하며, 음료부문의 원가에서 차감하여 준다. 음료원가의 계산방식은 식료원가의 계산방식과 동일하게 사용한다.

기타 매출원가는 식료부문에서 사용된 캔디나 담배 그리고 음료부문에서 사용된 것이며, 금액적으로 중요하지 않다고 생각되는 비용을 집계한 것이다.

2) 영업이익을 계산하는 방법

(1) 영업이익

영업이익은 매출총이익에서 판매비와 일반관리비를 차감하여 계산된다.

> 영업이익 = 매출 총이익 − 판매비와 일반관리비

판매비란 상품이나 제품을 판매하기 위해 회사가 부담한 비용이며, 영업부, 특판부, 해외영업부 등 판매를 담당하는 부문의 인건비와 판매를 위해 사용한 비용을 말한다.

그리고 일반관리비란 회사의 일반적인 관리업무를 담당하는 부분,

즉 경리부, 기획부, 총무부, 관재부 등의 인건비와 기타 관리비용을 말한다. 다만 판매비와 일반관리비는 뚜렷하게 구분이 되지 않기 때문에 일반적으로 합산하여 처리하는 경우가 일반적이다.

(2) 판매비와 일반관리비

판매비와 일반관리비는 상품과 제품 및 용역의 판매활동 또는 기업의 전반적인 관리유지를 위해 회사가 부담한 다음의 비용을 말한다.

● 인건비 관리비용

외식산업에서 인건비와 관련하여 발생하는 비용으로 급여, 상여금, 교육훈련비 등이 있다.

① 교육훈련비 : 교육훈련비는 식료부문 종사자들의 교육훈련에 지출된 비용을 말한다. 예를 들어, 외부강사 초청료와 교육훈련에 소요된 재료비, 소모품 등이 포함된다.

② 급료와 임금 : 판매 및 일반관리업무에 종사하는 사용인 또는 종업원에 대한 정기적인 급료 등을 말한다.

③ 상여금 : 급료 이외에 주는 보너스를 말하며 구분하여 처리하거나 급료와 임금에 합산하여 처리하여도 무방하다.

④ 재수당 : 정규사원 및 계약사원에게 근로기준법의 규정에 의해 지급되는 시간외수당, 야근수당, 휴일수당, 직책수당 등은 제수당으로 구분하여 처리할 수 있다.

⑤ 퇴직급여 충당금 전입액 : 임직원들이 퇴직 시에 지급하기 위해 퇴직급여충당금으로 적립 하는 금액을 말한다.

⑥ 단체퇴직 급여충당 전입액 : 퇴직급여 충당금에 해당되는 금액을 보험회사에 예치하는 경우에 처리하는 계정이다.

⑦ 복리후생비 : 임직원들의 의료, 위생, 보건, 체육, 위안을 위해서 지급하는 금액이며, 식당운영비, 의료보험료, 국민연금, 건강진단비, 야근식대, 출퇴근 비용 등이 여기에 해당된다.

⑧ 계약용역비 : 외부 용역회사와의 계약에 의해 음료부문 및 식료

부문의 업무를 외주처리 했을 때 발생하는 비용이다. 예를 들어, 음료부문의 유리창을 청소하거나 카펫이나 융단세탁을 외부의 전문회사에 의뢰할 경우에 발생한다.

● 업무관련 비용

업무관련 비용이란 판매 및 관리업무를 위해 임직원들이 사용하는 비용이며, 이를 계정별로 구분하면 다음과 같은 항목이 있다.

① 여비교통비 : 임원이나 직원이 회사의 업무와 관련하여 국내 및 해외에 출장을 간 경우 사용하는 교통비, 숙박비 등을 말한다.

② 접대비 : 회사의 업무와 관련하여 거래처에 제공하는 식대, 선물, 주대 등의 지출비용을 말한다.

③ 보관료 : 제품, 상품 등의 보관을 위해서 외부의 창고업자 등에게 지급하는 외부보관 수수료나 외부창고 사용료가 이에 해당된다.

④ 포장비 : 상품의 포장을 위해 사용된 비용을 말한다.

⑤ 운반비 : 상품 등의 운반을 위해 사용된 노임이나 운수업자에게 지급한 비용을 말한다.

⑥ 견본비 : 상품, 제품 등의 판매를 위해서 견본품을 무상으로 거래처에 제공하면서 사용한 비용을 말한다.

⑦ 광고 선전비 : 제품의 광고, 선전을 위해 지급한 비용을 말한다.

⑧ 그라티스 : 음료부문에서 땅콩, 비스킷, 팝콘과 같은 스낵을 무료로 제공하는 경우에 발생하는 비용을 말한다.

● 부대설비 관련비용

부대설비 관련비용이란 회사가 영업활동을 위해 사용하고 있는 건물이나 전화 및 기타 이와 유사한 설비를 보유함으로써 지급하는 비용으로 다음과 같다.

① 통신비 : 회사가 사용하는 전신, 전화, 우편요금 등의 사용료를 말한다.

② 수도, 광열비 : 수도료, 전기료, 가스요금, 석탄, 석유 등의 비용을 말한다.

③ 소모품비 : 사무용 용지와 문방구, 소모공구 등을 구입하기 위해서 소용된 비용을 말한다.

④ 지급임차료 : 다른 사람이 소유하고 있는 동산이나 부동산 등의 자산을 일정한 계약에 의해서 사용하는 경우에 처리하는 계정이다.

3) 경상이익을 계산하는 방법

(1) 경상이익

경상이익은 영업이익에 영업외수익을 가산하고 영업외비용을 차감하여 계산한다.

경상이익 = 영업이익 + 영업외수익 − 영업의 비용

기업의 주된 영업활동에는 생산과 판매 및 관리활동이 있다. 그리고 이러한 활동을 수행함에 있어 반드시 필요한 것이 자금이다. 따라서 부족한 자금은 금융기관을 통해 조달하고, 여유자금은 운용하게 되는데, 그 결과 기업의 입장에서는 수익이나 비용이 발생하게 된다. 이처럼 주로 자금을 예금하거나 빌린 경우에 발생하는 이자수입액이나 이자지급액과 같이 자금의 과부족을 보충하거나 운용하는 활동인 재무활동에서 발생하는 수익과 비용을 회계에서는 영업외수익과 영업외비용이라고 한다.

그러므로 경상이익은 재무활동을 포함한 모든 기업 활동의 결과로 산출된 경상적인 수익이라고 할 수 있다.

(2) 영업외수익

영업외수익은 본래의 영업활동 이외의 활동, 즉 영업 이외의 활동에서 발생하는 다음의 수익을 말한다.

① 수입이자 : 금전을 빌려주거나 예금을 해서 얻어지는 이자 및 어음을 할인해 주는 경우에 발생하는 할인료 등을 처리하는 계정을 말한다.

② 유가증권이자 : 국채, 공채, 사채 등의 유가증권을 보유함으로써 발생하는 이자수입을 말한다.

③ 수입임대료 : 회사가 소유하고 있는 부동산이나 동산을 임대해 주고받는 지대와 집세 사용료를 말한다.

④ 투자자산 처분이익 : 투자자산에 속하는 자산을 처분함으로써 발생하는 이익을 말한다.

⑤ 설비자산 처분이익 : 설비자산을 매각처분하는 경우에 발생하는 처분이익을 말한다.

(3) 영업외비용

영업외비용은 기업의 주된 영업활동 이외의 활동에서 발생하는 다음의 비용을 말한다.

① 지급이자 : 차입금에 대한 발생이자와 받을 어음을 금융기관에서 할인함에 따라 지급하는 할인료 등을 말한다.

② 사채이자 : 주식회사가 회사채를 발행하여 자금을 차입하면서 사채에 대해서 지급하는 이자를 말한다.

③ 기부금 : 영업활동과 아무런 관계없이 무상으로 지출하는 비용을 말한다.

④ 투자자산 처분손실 : 투자자산에 속하는 자산을 처분함으로써 발생하는 손실을 말한다.

⑤ 설비자산 처분손실 : 설비자산에 속하는 자산을 처분함으로써 발생하는 손실을 말한다.

⑥ 사채상환손실 : 회사가 사채를 상환할 때 발생하는 차손을 처리하는 계정을 말한다.

4) 당기순이익을 계산하는 방법

(1) 당기순이익

경상이익에 특별이익을 가산하고 특별손실을 차감한 이익을 법인세 차감 전 순이익이라고 한다. 여기에 회사가 영업활동에 따라 벌어들인 소득에 대해 부담하는 법인세를 차감하면 최종적인 구분이익은 당기순이익이 계산된다.

> 당기순이익 = 경상이익 + 특별이익 − 특별손실 − 법인세 등

당기순이익은 세금을 내고 난 후의 이익이라는 의미에서 '세후이익'이라고 하고, 법인세 차감 전 순이익은 줄여서 '세전이익'이라 한다.

(2) 특별이익

경상이익이란 회사가 정상적인 영업활동이나 재무활동을 수행하면서 벌어들이는 이익능력을 말한다. 이에 반해 특별이익이란 비경상적이고 비 반복적으로 발생하는 이익을 말한다.

(3) 특별손실

특별손실이란 특별이익과 비경상적이고 비 반복적인 활동에 따라 발생하는 임시적이고 일시적인 손실을 말한다.

(4) 법인세 등

법인세 등이란 기업이 벌어들인 소득에 대해 납부할 세금을 총칭한 용어를 말하며, 이에는 법인세와 주민세 및 농어촌특별세가 포함된다. 즉 법인세는 법인이 1년간 벌어들인 이익에서 부담하는 여러 가지 세금을 나열할 수 없기 때문에 이를 총괄해서 표시하는 용어라고 생각하면 된다. 그리고 법인사업자가 아닌 개인사업자의 경우에는 소득세 등이라고 표시한다.

Chapter 07

메뉴의 분석과 평가

제1절   메뉴분석

1. 메뉴분석의 개념

성공적인 레스토랑을 살펴보면, 운영관리의 요인들 중 메뉴상품을 통하여 경쟁력을 높이고 경영성과를 개선하는 경우가 많다. 특히 레스토랑 비즈니스는 과거 독점적인 시장점유가 더 이상 통용되지 않으며 경쟁은 이미 모든 분야에서 극도로 치열해지고 있다.

그러나 수익성과 고객만족의 양면성을 지닌 마케팅 측면에의 메뉴관리는 누구나 그 중요성을 인식하고 있지만 메뉴상품의 기획에서 생산관리, 품질관리 등 판매 이전의 상품화 단계와 판매 후의 손익계산을 중심으로 한 합리적인 메뉴분석과 평가는 무시되어왔다. 또한 수익성을 위한 메뉴전략 과정에서 도입되는 메뉴분석 방법들은 비영리적 형태의 사업체에서 주로 이루어져 왔으며 영리를 목적으로 한 레스토랑 비즈니스에서는 각 업체별 특성과 내부적인 운영관리의 미비로 인해 현장적용이 용이한 분석방법의 도입이 쉽지 않았다.

한마디로 영세성이 강한 생계형 비즈니스의 경우 운영 매뉴얼이 제대로 갖추어지지 않은 상황에서 메뉴분석기법의 도입이 어려운 상황이었고, 고객들이 선호하는 메뉴만 판매하면 성공한다는 메뉴관리자들의 잘못된 인식이 확산되어 있는 실정이다. 이 때문에 메뉴분석으로의 접근이 쉬운 POS시스템을 갖추었음에도 불구하고 아주 기초적인 메뉴판매 분석에만 그치고 있다.

따라서 메뉴분석과 평가방법에 대한 학습을 통해 외식시장의 특성에 맞는 메뉴분석과 평가방법을 이해하고자 한다.

2. 메뉴분석

메뉴분석이란 앞으로 나아갈 식음료의 사업 방향을 결정하기 위한 전략적 단계로 정보를 획득하고 메뉴의 구성, 모양, 수익성이나 선호도 등의 측면에서 적정성을 평가하고 판단하는 것과 관련된 활동이다.

메뉴분석의 두 가지 측면은 기업의 수익성과 고객의 욕구라는 두 가지 측면에서 접근해야 하고, 메뉴가 커뮤니케이션 수단으로서 원활한 기능을 수행하기 위해서는 현재와 미래의 고객과 기업을 둘러싸고 있는 현재 그리고 미래의 환경을 면밀히 분석하고 예측해야 할 필요가 있다.

이것은 메뉴의 품목과 내용, 가격수준, 그리고 메뉴의 형식 등 모든 요소들을 가장 능률적인 것으로 유지하고, 개선하며 대비하는데 불가결한 기능이기 때문이다. 분석의 대상요소는 메뉴 계획과정에서 수립된 내용들을 수익성과 성장성 관점에서 그 능률을 검토하는 것과 관련된다.

3. 메뉴분석 요인과 목적

메뉴의 분석대상이 되는 요소는 메뉴 계획과정에서 관리의 대상이 되었던 내용들을 수익성과 선호도측면에서 그 능률을 검토하는 것이다. 즉 메뉴관리와 메뉴의 투입요소인 메뉴품목, 가격수준, 생산 및 서비스 기술 수준, 상품품질 수준, 서비스시설 수준, 상품의 공급능력, 식당의 분위기와 장식 및 설비, 다양성 수준 등 통제가능 요소와 사회적, 시대적 환경 등 통제 불능 요소를 말한다.

메뉴분석의 목적은 동종업체 간의 비교, 분석이나 특정 레스토랑 내에서 같은 종류의 아이템 간의 비교, 분석을 통하여 메뉴의 원가구조를 파악하며, 수익성과 선호도의 관찰을 통하여 메뉴정책에 반영하고, 메뉴 비교점수 등을 이용하여 메뉴 판매가능성과 메뉴 변화 가능성을 측정하여 메뉴가격을 변화시킬 수 있다. 또한 판매 촉진적 전략을 통한 매출증대나 메뉴의 개발, 통합, 삭제 등 경영활성화를 위한 판매전략을 종합적으로 수행하는데 그 분석의 목적이 있다.

4. 메뉴분석기법

1) Jack E. Miller의 원가 / 매출량 분석방법

Jack E. Miller가 주장하는 메뉴평가방법으로 식재료 비율과 매출양의 상관관계를 계산하는 것이다. 이 방법은 가장 낮은 식재료비의 메뉴와 가장 높은 매출양의 메뉴들이 가장 좋은 메뉴 성과를 가져온다는 접근방법이다. 이 방법은 가장 낮은 식재료비의 음식과 가장 높은 매출량의 메뉴들을 나타내줄 수 있으나 매출액이나 공헌이익을 나타나지 않는 한계가 있다.

2) M. Kasavana와 D. Smith의 공헌이익 / 판매량 분석방법

M. Kasavana와 D. Smith가 개발한 Menu Engineering이라는 체계화된 메뉴분석 프로그램기법으로 수익성(공헌이익)과 선호도(판매량)가 높은 메뉴의 상관관계를 나타내는 분석기법으로 메뉴 계획의 관리활동을 통해서 레스토랑의 목표와 목적을 달성하는데 있다.

이 기법은 선호도(판매량)와 수익성의 상관관계를 파악하는 것으로, 높은 판매량과 높은 수익성의 상관관계를 가지는 메뉴가 가장 좋다는 접근법이다. 즉 가장 좋은 메뉴품목은 단위당 공헌이익이 가장 높고 판매량이 가장 많은 것으로, 한 품목의 공헌이익은 판매가격과 직접비용의 차익을 말한다.

이 방법은 가장 높은 매출량과 매출액을 발생시키는 메뉴들을 제시할 수 있으나 식재료비의 원가가 고려되지 못하는 문제점이 있다. 또한 고가격 품목에 주력하여 공헌이익을 증가시키려고 할 경우 그에 따른 고객의 수요 감소와 이익감소가 나타날 수 있다.

3) David V. Pavesic의 원가율 / 수익중심 분석방법

이 방법은 파베식이 주장하는 메뉴평가방법으로 총수익과 식재료비율의 상관관계를 고려하여 메뉴를 분석하는 것이다. 앞서의 두 가지 방법들의 결점을 보완하기 위하여 세 가지 변수, 식재료비용의 원가비율(food-cost%), 공헌이익(contribution margin), 판매량(sales volume)을 결합하였다. 여기서 총수익은 전체 총수익으로 단위당 총수익에 매출양이 곱하여진 총수익이다. 이 방법은 가장 좋은 품목은 판매량에 따라서 낮은 식재료 원가율과 높은 공헌이익을 가지는 품목이다. 이 방법은 앞서 언급한 접근방법들과 달리 총수익과 식재료비율을 고려하고 있고 총수익도 전체 총수익을 고려하고 있어 문제점들을 많이 보완한 방법이다. 그러나 식재료비 외의 비용까지 포함된 순이익을 고려하지 않은 한계점이 있다.

4) D. K. Hayes & L. Huffman의 순이익 중심 분석방법

이 방법은 Hayes와 Huffman이 주장하고 있는 방법으로 표준순이익을 계산하고 이것을 개별메뉴들의 순이익과 비교하여 높고 낮음을 결정하여 메뉴성과를 분석하는 방법이다. 순이익의 계산방법은 두 가지 방법에 의하며 하나는 총 원가에서 식재료비와 비 식재료비의 합계를 차감하는 후자의 방법으로 순이익을 계산하고 있으며 변동원가를 특정원가로 가정하고 접근하고 있다.

표준순이익은 개별메뉴들의 순이익과 비교하기 위한 전체평균치를 말하는 것으로 [(1 - 전체 식재료비율) × 평균 매출량비율(전체 매출양의 합계/메뉴수) × 평균메뉴음식가격(전체 메뉴음식가격의 합계/음식수) × (1-〈변동비율+식재료비율〉)]과 같이 계산한다. 이 방법은 순이익에만 초점을 두고 있어 매출량, 식재료비 또는 총수익과의 상관관계가 파악되지 못하는 문제점을 가지고 있다.

5) Hurst 메뉴분석법(Hurst method of menu scoring)

1960년 미국의 플로리다 주립대학(FIU)의 마이클 허스트 (Michael Hurst) 교수의 연구로 이루어진 방법으로 가격의 변화, 원가, 인기도, 이익공헌도 등의 판매에 미치는 영향을 측정하였다.

실제로 메뉴스코어링의 비교에 의해 메뉴의 내용이 향상되었으며 완성도가 빠르다는 장점이 있다. 그 측정방법은 다음과 같다.

(1) 판매되는 아이템을 A항에 위치시킨다.
(2) 평가기간 동안 각 아이템의 판매수량을 B항에 적는다.
(3) C항에 각 아이템의 판매가격을 적는다.
(4) 각 아이템의 식재료 원가를 D항에 위치시킨다.
(5) 판매가격에 따라 아이템별로 식재료원가율을 계산하여 E항에 적는다.
(6) 단계별로 점수를 계산한다.

1단계 : F항에 각 아이템의 총 판매가를 적는다.(B항 × C항 = F항)
2단계 : 각 아이템의 총원가를 G항에 위치시킨다.(B항 × D항 = G항)
3단계 : 판매량의 합, 총판매가의 팝, 총원가의 합을 계산하여 TB항, TF항, TG항에 기입한다.
4단계 : 전체 원가를 전체 판매가로 나누어 식재료 원가율을 구하

고 E항의 합계에 놓는다.(TG/TF = TE)

5단계 : 평균가격(평균객단가)은 총판매액을 총판매량으로 나누어 얻는다.

6단계 : 총이익(총매출액 – 총식자재원가)의 계산과 총매출액 대비 총이익(총이익/총매출액)을 계산하여 평균수익률을 구한다.

7단계 : 아이템의 평균수익(평균객단가 × 평균수익률)을 계산한다. (5단계 × 6단계)

8단계 : 각 아이템의 (총판매수/레스토랑 전체품목 판매수)판매율을 계산한다.

9단계 : 메뉴 스코어 산출(아이템의 평균수익 × 선별품목 판매율) 한다.(7단계 × 8단계)

<표 7-1> 메뉴 스코어링 (Menu Scoring) 분석표

Item (A)	#Sold (B)	Item Sell Price (C)	Item Food Cost (D)	FC% (E)	Total Sales (F)	Total Cost (G)
Total	TB			TE	TF	TG

메뉴 스코어는 그 자체만으로는 큰 의미를 갖지 못하므로 판매량과 가격변화, 원가, 메뉴교체 등과의 상호작용을 파악해야 한다. 또한 효과를 증대하기 위해서는 평가기간이 다른 여러 개의 메뉴 스코어를 상호 비교한다. 메뉴 스코어가 높을수록 좋은 변화(높은 수익성)를 의미

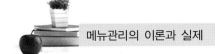

하며 스코어가 하향, 등락이 심하면 정밀한 조사가 필요하다.

지속적으로 스코어가 낮아지면 아이템의 교환이나 이익이 높은 다른 품목에 주력한다.

또한 객단가가 낮음에도 불구하고 메뉴 스코어가 낮다면 높은 원가율에 기인하므로 원가율의 개선 또는 타메뉴 교체 등을 검토해야 한다.

6) SWOT 분석법

James F. Keiser는 메뉴분석에서 SWOT(Strengths, Weaknesses, Opportunities, Threats) 분석법을 권장하였다.

SWOT 분석법은 기업의 내적 환경과 외적 환경을 파악하기 위하여 기회(opportunity)를 활용하고 위협(threat)을 회피하거나 기회로 변화시키거나 강점(strength)과 약점(weakness)을 결합시켜 효과적인 전략을 모색하는 과정이다. SWOT 분석은 각 사업단위나 메뉴 아이템의 강점과 기회를 살릴 뿐만 아니라 위험요소들을 최소화시킬 수 있다.

7) ABC 분석

상품의 20%가 매출의 80%를 차지한다는 20대80 법칙을 적용할 수 있는 고객이 선호하는 메뉴의 대부분은 극히 일부분의 메뉴에 의해 구성되는 경우를 알 수 있는 분석법이다. 이러한 분석법은 요리부분만을 대상으로 고객이 좋아하는 일부 메뉴가 무엇인가를 알아내어 보다 많이 그리고 오랫동안 고객에게 인기를 유지할 수 있도록 하는 방법이다.

ABC 메뉴분석의 방법은 다음과 같다 .

(1) 1개월 간 판매된 메뉴수와 금액을 통계 합계한다.

(2) 매출액이 많은 순으로 늘어놓는다. 이때 하나도 판매되지 않은 메뉴도 기재한다.

(3) 총합계를 낸다.

(4) 각각의 메뉴 금액을 총합계로 나누어 전체에서 차지하는 %를 낸다.

(5) %의 누계를 낸다.

(6) 누계치의 75%까지를 A부문, 그리고 나머지 100%까지를 C부문으로 한다.

이와 같은 분석방법은 메뉴의 판매상태를 알 수 있다. 잘 팔리는 상품을 상위로 집중시키면 제공시간을 단축할 수 있다. 또한 고객의 메뉴선호 성향을 파악할 수 있으므로 미리 신상품을 런칭하기 쉽다. 대부분 중소형의 단일 메뉴를 취급하는 국내 푸드서비스업체에서 이용되고 있는 이 메뉴분석법은 단순 판매수와 판매금액만을 기준으로 하므로 점포 내부적으로 생산과정에서 생겨나는 인력강도 등은 무시되고 있기 때문에 정확한 분석의 결과를 얻기가 어려운 한계점을 지니고 있다.

제2절 **메뉴평가**

1. 메뉴평가

메뉴평가는 성공적인 외식사업의 전제가 되는 성공적인 메뉴를 확인하는 방법으로 수익창출과 고객욕구 충족의 도구로서 평가되어야 한다. 그러므로 외식사업체들은 이에 대해 철저하게 연구하고 고객선호도에 대응하여야 한다. 따라서 메뉴평가는 영업활성화를 통한 매출증대 및 수익창출 고객만족이라는 외식사업의 궁극적 목표를 달성하기 위한 하나의 과정으로서 고객선호도와 내부 관리능력을 평가하여 매출량을 증대시키면서 순이익을 증가시킬 수 있는 메뉴의 영향평가라고 정의할 수 있다.

또한 메뉴평가에는 전체적인 느낌, 메뉴의 형식, 모양, 고객의 형태, 서비스의 유형, 기술 및 설비, 메뉴에 기재된 아이템그룹 간의 균형과 다양성, 시각적인 효과(eye appeal), 메뉴 아이템을 설명하는데 따른 단어 또는 배치 등, 메뉴 메이크업(menu make-up), 계절적 요소, 기타 업체가 중요시하는 특정요소 등이 평가요소로 제시되고 있다.

메뉴평가의 내용은 크게 메뉴설계에 대한 평가, 메뉴의 다양성에 대한 평가, 메뉴의 수익성 평가 등으로 구분할 수 있다.

<표 7-2> 메뉴평가의 내용

메뉴설계에 대한 평가	다양성 평가	수익성 평가
① 내용 ② 시각적 효과 ③ 품격 ④ 제작비	① 상품의 다양성 ② 서비스의 다양성 ③ 분위기의 다양성	① 구성 ② 수익성 ③ 미래에 대한 신축성

자료 : 이정자, 전게서, p.46.

2. 메뉴상품 평가

외식사업체의 성공이 메뉴의 선호도나 구매에 달려있기 때문에 효과적인 메뉴평가 시스템을 유지하며 맛 전문가 패널을 통한 정기적인 평가는 소비자들의 감각과 심리작용을 사용하여 품질을 평가하는 방법이다. 이러한 방법은 고객의 기호성을 고려하여 관능적 평가 품목을 설정해야 하며 식품의 종류, 조리방법, 영양적 가치, 조리모양·맛, 색깔, 냄새 등이다.

관능적 평가는 주관적인 방법이기 때문에 관능검사용 패널이 잘 훈련되고 실험계획이 과학적으로 잘 설계되어야 하고 결과의 통계적

처리방법도 확립되어 있어야 한다. 업체에서는 내부적인 패널의 평가도 중요하지만 외식시장의 소비자인 고객의 평가에 비중을 두어야 한다.

메뉴의 평가요인을 실용적인 측면과 사회적인 측면에서 분석해보면 다음과 같다.

<표 7-3> 메뉴상품의 평가요인

구분	평가요인	내용
실용적 측면의 메뉴상품	우질성	음식의 질, 음식의 양, 음식의 맛, 식재료의 신선도, 가공식품의 사용정도, 조리방법, 조리기술(숙련도), 조리기기의 다양성, 적절한 식재료의 양, 메뉴북 설명과의 일치도, 식재료의 조화, 주요리와 부요리의 조화
	내구성	선호도 있는 메뉴의 종류와 수
	쾌적성	음식의 신속성, 음식코디, 음식색상, 접시의 청결, 음식의 조화, 음식의 외관, 음식온도, 향, 농도, 텍스추어, 건강 기여도, 풍미
	보존성	음식 질의 일관성, 용기의 적절성, 식재료 구입 가능성, 적절한 저장창고
사회적 측면의 메뉴상품	운반성	메뉴의 신속성, 배달 가능성
	적가성	메뉴가격, 질과 가격과의 조화, 가격경쟁력
	대체성	메뉴수, 메뉴의 다양성, 메뉴 종류, 후식의 종류, 메뉴교체주기, 소스의 종류, 사이드 음식의 종류
	독점성	어린이 메뉴 유, 무, 후식 제공 유·무, 한정판매 메뉴 유·무
	공지성	유명메뉴 종류, 메뉴해설, 메뉴북의 기능, 메뉴북 디자인
	희소성	메뉴조합도, 특별메뉴 종류, 계절메뉴 유, 무, 신소재 식재료의 사용정도, 판매가의 다양성, 오늘의 메뉴 유, 무, 메뉴의 독창성
	무공해성	건강메뉴 유·무, 다이어트메뉴 유·무, 음식의 영양성, 위생, 청결

자료 : 김기영 외 2인, 메뉴경영관리론, 2006, p.160.

3. 메뉴엔지니어링

1) 메뉴엔지니어링의 개념 및 목적

(1) 메뉴엔지니어링의 개념

메뉴엔지니어링이란 레스토랑의 경영자가 현재 또는 미래의 메뉴를 평가하는데 활용될 수 있도록 단계적으로 체계화시킨 것이다.

메뉴엔지니어링은 M. Kasavana와 D. Smith가 주장하는 메뉴 분석방법으로 판매량과 총수익의 상관관계를 파악하여 가장 좋은 메뉴품목은 단위당 공헌이익이 가장 높고 판매량이 가장 많은 것이 가장 좋은 메뉴로 평가하는 방법이다.

이 과정을 통해서 경영자는 메뉴의 가격, 디자인 및 내용을 평가함으로써 적합한 의사결정을 하게 된다. 메뉴엔지니어링 방법을 위한 주요 요소는 다음과 같다.

① 고객수요(customer demand) : 고객수요는 식음료를 구매한 고객의 총수로 파악

② 메뉴믹스(menu mix : MM) : 수요의 탄력성 개념과 관련시키면서 각각의 메뉴품목에 대해 이를 선정하는 고객의 선호도를 분석(전체 판매량에서 각 아이템의 판매량)

③ 공헌이익(contribution margin : CM) : 가격의 탄력성과 관련시키면서 각 메뉴품목별 공헌이익을 총이익의 관점에서 분석한다.

원가나 이윤으로 파악하기 보다는 총이익의 관점에서 분석한다. 원가적 접근에 의한 가격결정은 원가나 원가율만을 고려하는데 반해 여기서는 경영자가 경영성과 목표에 대해 특정의 메뉴품목들이 실제로 공헌한 금액에 관심을 갖도록 요구하는 측면이 강하다.

위의 세 가지 결정적인 요소들을 전제로 공헌이익에 접근하는 방식이기 때문에 전 과정을 통하여 3요소가 가격변동에 대해 어떤 반응 또는 효과를 초래할 것인지에 대해 초점을 맞추고 있다.

메뉴엔지니어링은 일반적이고 대표적인 분석기법이지만 인건비와

경향 변화 등이 무시되어 버리는 단점이 있다.

(2) 메뉴엔지니어링의 목적

메뉴엔지니어링은 메뉴상품의 적정 원가율을 찾기보다는 특정의 메뉴믹스로부터 적정한 이윤을 획득할 수 있겠는가를 생각한다.

이윤이 원가에 관련되어 있지만 원가율과 이율이 반비례적 관계에 있는 것은 아니다. 낮은 원가율을 기초로 원가 부가적 가격결정 방식에 따라 결정된 가격이 반드시 메뉴상품과 서비스에 대한 고객의 최종적인 선택을 좌우하지는 못하기 때문이다. 따라서 메뉴엔지니어링은 실제 수요를 가장 중요한 근거로 해서 가치에 대한 고객의 인지도를 고려하려고 한다.

메뉴엔지니어링의 접근방법은 인플레이션 경제여건 하에서 요구되는 확실한 매출 보증지향적인 메뉴분석 및 관리방법으로서 긍정적인 평가를 받고 있다. 따라서 인플레이션 경제 환경에 대처해 나가는 길은 고객수요에 맞추어 이를 기준으로 계획된 메뉴, 즉 매출에 대한 위험성이 사전에 배제된 안전한 메뉴(recession proof menu)를 개발하는 것이다. 또한 메뉴엔지니어링의 적용이 메뉴의 평가와 가격결정에 있어서 더 좋은 의사결정을 할 수 있도록 도와준다는 측면에서 마케팅 도구처럼 생각할 수도 있다.

메뉴엔지니어링은 고객수요 증진과 메뉴아이템별 평균 공헌이익률 증진방법을 개발, 활용함으로써 계속적인 메뉴전체의 공헌이익을 증대시키려는데 기본 목적을 두고 있다.

2) 메뉴엔지니어링 절차의 방법

(1) 메뉴엔지니어링 절차의 기본 개념

메뉴엔지니어링 모형에 따른 메뉴분석을 위해서는 준비단계 → 기초 자료의 확보 및 정리 → 메뉴엔지니어링 매트릭스 분석 → 분석에 따른 의사결정의 단계를 걸쳐 그 결과에 따라 모든 메뉴를 수익성과 시장성 측면에서 해석하여 레스토랑의 경영이념에 따라 최종적인 의사결정을 하게 된다.

공헌도 비교분석법은 매출 비중(선호도) 및 마진(수익성)에 대한 메뉴별 공헌도를 비교, 분석하는 방법으로 각 메뉴별 매출 수량과 단위 판매량 마진율 평균치(기준치)와 비교한 후 분석하는 방법이다.

결과는 star(선호도와 수익성이 모두 좋은 메뉴), plowhorse(선호도는 좋으나 수익성이 낮은 메뉴), puzzle(선호도는 낮고 수익성은 좋은 메뉴), dog(선호도와 수익성 모두 낮은 메뉴)로 나타난다.

(2) 분석과정

① 지난 기간의 영업 실적에 따른 각 메뉴의 판매가격, 식재료 원가, 판매량 등 3가지수치를 산출한다.

② 산출한 수치를 토대로 매출액, 총원가, 총마진 등을 계산한다.

③ 각 메뉴별 매출 비중(매출량 구성비)과 단위 판매당 기여마진을 계산한다.

④ 비교 기준이 되는 매출수량 구성비(menu mix)기준과 기여마진(contributional margin) 기준을 설정한다.

⑤ 각 메뉴의 매출량과 기준치를 비교하여 high 또는 low로 표기한다.

⑥ 4분면 원칙에 따라 star, plowhorse, puzzle, dog로 나타난다.

⑦ 결과를 해석한다.

<그림 7-1> 메뉴엔지니어링의 분석과정

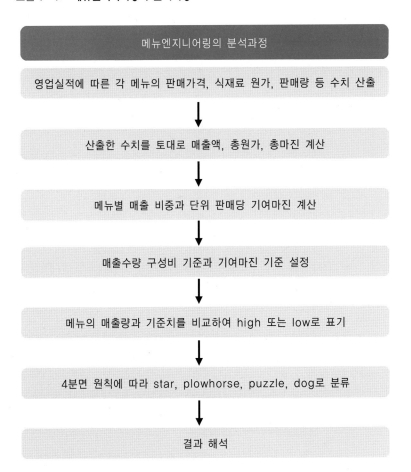

(3) 분석시트 작성방법

<표 7-4> 공헌도 비교 분석법의 분석시트 구성

MENU ENGINEERING WORKSHEET

RESTAURANT

DATE :
MEAL PERIOD : Dinner

A	B	C	D	E	F(E-D)	G(D*B)	H(E*B)	L(F*B)	P	R	S
①	210	7%	4.90	7.95	3.05	1,029.00	1,669.50	640.50	L	H	PH
②	420	14	2.21	4.95	2.74	928.20	2,079.00	1,150.80	L	H	PH
③	90	3	1.95	4.50	2.55	175.50	405.00	229.50	L	L	D
④	600	20	4.95	7.95	3.00	2,970.00	4,770.00	1,800.00	L	H	PH
⑤	60	2	5.56	9.95	4.30	339.00	597.00	258.00	H	L	PZ
⑥	360	12	4.50	8.50	4.00	1,620.00	3,060.00	1,440.00	H	H	S
⑦	510	17	4.30	7.95	3.65	2,193.00	4,054.50	1,861.50	H	H	S
⑧	240	8	3.95	6.95	3.00	948.00	1,668.00	720.00	L	H	PH
⑨	150	5	4.95	9.50	4.55	743.50	1,452.00	682.50	H	L	PZ
⑩	360	12	4.00	6.45	2.45	1,440.00	2,322.00	882.00	L	H	PH
계	N 3,000					I 12,385.5	J 22,050	K 9,664.8			

* ①~⑩은 아이템 명
* L : LOW / H : High

K = I/J	O=M/N	Q= (1/N*0.7**100)
56.17%	$ 3.22	7%

A : 아이템 명
C : 전체 매출량에서 각 아이템이 차지하는 비율(%)
E : 각 아이템의 매가($)
G : 각 아이템의 총원가($)
I : 전체 아이템에 대한 총원가($)
K : 원가율(%)
M : 총 CM($)
O : 평균 공헌 마진($)
S : 최종분석 결과

B : 각 아이템의 판매량
D : 원가
F : 각 아이템의 대한 총수입
H : 각 아이템의 대한 총수입
J : 전체 아이템에 대한 총수입
L : 각 아이템의 CM($)
N : 각 아이템이 팔린 총량
R : 선호도에 대한 분석 결과

자료 : Michael :. Kasavana and Donald I. Smith(1990), Menu Engineering : A
Practical Guide to Menu Analysis, Revised Edition,

① 먼저 메뉴상에 있는 특정 그룹의 모든 아이템을 (A)에 기록한
다. 예를 들어, 메뉴상의 메인 아이템의 수가 10개이면 10개의
아이템을 차례로 기록한다. 예를 들어, 아이템 ①에서 ⑩까지
를 기록한다.

② 일정기간(예 ; 1개월) 동안에 각 아이템이 팔린 수량을 (B)에 기록한다. 각 아이템이 일정기간에 팔린 수량을 기록한다. 예를 들어, 아이템 ①의 경우는 210개가 팔렸기 때문에 210이라고 기록한다.

③ 메인의 총 매출량에서 각 아이템이 차지하는 비율을 계산하여 (C)에 기록한다.

④ 아이템을 만드는데 소요되는 원식자재의 원가를 (D)에 기록한다. 아이템을 만드는데 요구되는 표준양목표상의 식자재의 원가만 포함된다. 예를 들어, 아이템 ①의 경우는 원가가 4.90($)이다.

⑤ 다음 단계는 각 아이템의 매가를 (E)에 기록한다. 예를 들어, 아이템 ①의 경우는 매가가 7.95($)이다.

⑥ 각 아이템의 공헌 마진(판매가 - 원가)을 계산하여 (F)에 기록한다. 예를 들어, 아이템 ①의 경우는 매가 7.95($)에서 원가 4.90($)을 감한 3.05($)가 된다.

⑦ 일정기간 팔린 특정 아이템에 대한 총원가를 계산하여 (G)에 기록한다. 예를 들어, 원가가 4.90($)인 아이템 ①의 경우는 일정기간 동안 210개가 판매되었기 때문에 총매출액(수입)은 7.95($)×210 = 1,029.00($)가 된다.

⑧ 일정기간 팔린 특정 아이템에 대한 총수입을 계산하여 (H)에 기록한다. 예를 들어, 매가가 7.95($)인 아이템 ①의 경우는 일정기간 동안 210개가 판매되었기 때문에 총매출액(수입)은 7.95($)×210 = 1,669.50($)가 된다.

⑨ 일정기간 팔린 특정 아이템에 대한 총공헌마진을 계산하여 (L)에 기록한다. 예를 들어, 매가에서 식재료 원가를 공제한 것이 공헌마진이기 때문에 아이템 ①의 경우는 총수입 1,669.50($)에서 총원가 1,029.00($)를 감한 640.50($)이 된다.

⑩ 전체 아이템에 대한 원가를 계산하여 (I)에 기록한다. 예를 들

어, 아이템 ①에서부터 아이템 ⑩에 대한 원가의 총계를 합산한 12,385.50($)을 기록한다.

⑪ 전체 아이템에 대한 수입을 계산한 (J)에 기록한다. 예를 들어, 아이템 ①에서부터 아이템 ⑩에 대한 매출액 총계를 합산한 22,050.00($)을 기록한다.

⑫ 전체 아이템에 대한 공헌마진을 계산하여 (M)에 기록한다. 예를 들어, 아이템 ①에서부터 아이템 ⑩에 대한 공헌마진의 총계를 합산한 9,664.50($)을 기록한다.

⑬ 수익성에 대한 분석의 결과를 (P)에 기록한다. 특정 아이템이 수익성이 '높다 또는 낮다'의 기준은 한 아이템에 대한 평균 공헌마진을 기준으로 한다. 평균 CM을 전체 CM(9,664.80)을 팔린 전체 아이템의 수로 나누어서 얻는다(9,664.80/3,000 = 3.22). 각 아이템에 대한 공헌마진을 기준으로 하여 평균 공헌마진(3.22)보다 높은 아이템은 HIGH로 표시하고 평균 공헌마진(3.22)보다 낮은 아이템은 LOW로 표시한다. 그렇기 때문에 아이템 ①의 경우는 공헌마진이 3.05($)로 평균 공헌마진 3.22($)보다 낮기 때문에 P란에 L로 표시되어 있다.

⑭ 선호도에 대한 분석의 결과를 ®에 기록한다. 선호도의 기준은 '$(1/N) \times (0.70) \times 100$'의 공식에 의해서 얻어지며, N은 아이템의 수를 의미하고, 0.7은 Menu Engineering에서 저자가 경험에 의하여 정한 기준치로 일반화된 수치이지 절대치는 아니다. 보기에서는 아이템의 수가 10개이므로 특정 아이템이 선호도가 '있다 또는 없다'를 나누는 기준점은 '$(1/N) \times (0.70) \times 100$' = $(0.1) \times (0.07) \times 100$ = 7%가 된다. 즉 7%보다 높거나 같으면 선호도가 있다고 표시한다. 그렇기 때문에 아이템 ①의 경우를 보면 전체 매출량 3,000개에서 210개를 차지하기 때문에 7%가 된다. 이 수치가 평균의 수치와 같기 때문에 R란에 H라고 표기한 것이다. 또한 %가 아닌 아이템의 수를 기준으로 할 경

우의 기준점은 '$(1/N) \times (0.70) \times 3,000$' = 210 아이템이 된다. 즉 일정 기간 동안 특정 아이템이 210개 이상 팔린 경우는 선호도가 높다고 표시하고, 이하일 경우에는 낮다고 표시한다.

⑮ 분석결과를 (S)에 기록한다. 이 분석에서는 모든 아이템은 다음과 같이 선호도와 수익성이라는 두개의 기준점을 가지고 2차원 좌표상에 표시하면 기준점이 2개이기 때문에 4개의 그룹으로 나누어진다. 그리고 나누어진 그룹마다 특정한 명칭을 부여하였다.

<표 7-5> CM과 MM에 대한 메뉴평가

CM	MM	메뉴의 분류	평 가
고	고	Star	선호도와 수익성이 모두 높은 아이템
저	고	Plowhorse	선호도는 높으나 수익성이 낮은 아이템
고	저	Puzzle	선호도는 낮으나 수익성이 높은 아이템
저	저	Dog	선호도와 수익성이 모두 낮은 아이템

3) 메뉴엔지니어링 결과의 해석

(1) Stars(고선호도, 고수익성)

선호도와 수익성이 모두 높은 품목 군이다. 분석된 메뉴 중 가장 인기 있고 수익성이 높은 아이템들이다. 대부분이 레스토랑을 이름 나게 하는 명성품목(prestige items)이거나 특징을 나타내주는 특징적 품목(signature items)으로 이뤄진다. 따라서 이 부류에 포함된 아이템들은 다음과 같은 관리가 필요하다.

① 현재수준이 엄격한 관리를 위해서 품질, 단위 몫의 크기 및 외양 등의 내용을 담고 있는 표준명세서를 작성하고 반드시 이를 준수하도록 관리활동이 필요하다.

② 선호도가 가장 좋기 때문에 메뉴상 어떤 위치에 배열해도 고객

들은 이 메뉴를 선택할 것이다. 따라서 최상의 위치에 배열해
야 할 아이템은 Star menu보다는 레스토랑에서 전략적으로
계획된 메뉴를 배열하는 것이 좋다.

③ Star 품목 중에서도 가장 이윤폭이 큰 품목들은 Super Star
라고 한다. 메뉴에 제시된 어떤 품목들보다도 가격변동에 대한
민감도가 떨어져 수요의 증감 변동을 크게 일으키지 않는 꾸준
한 아이템이므로 판매가격을 인상함으로써 동일 품목일지라도
더욱 큰 공헌이익을 기대할 수도 있다.

(2) Plowhorses(고선호도, 저수익성)

선호도는 높으나 수익성이 낮은 품목 군이다. 메뉴품목들은 비교
적 대중성 있는 메뉴이지만 인기도에 비해 공헌이익이 낮기 때문에
단위당 평균공헌에도 못 미치는 제품들이다.

① 판매가 인상을 시도해보기도 한다.

② 포션을 약간 줄이는 시도가 필요하다.

③ 공헌마진을 높일 수 있는 방안을 강구한다.

④ 선호도가 높기 때문에 고객의 시선이 덜 집중되는 곳에 위치시
키는 등 메뉴 배열을 재고한다.

(3) Puzzles(저선호도, 고수익성)

선호도는 낮으나 수익성은 높은 품목군이다. 대중적인 인기는 적
으나 높은 공헌이익을 창출시키는 아이템으로 Dog 품목보다 좋다고
할 수 있지만 여전히 바람직한 상태에는 못 미치는 제품들이다.

① 메뉴믹스 비율이 극히 저조하고 생산과 서비스에 있어 노동집
약적이거나 저장관리에 내구성이 약한 것일 때에는 메뉴로부터
과감히 제거하는 것이 좋다. 그러나 이 여건에 놓여 있는 아이
템일지라도 레스토랑의 이미지 개선에 크게 기여하는 메뉴일
경우 그대로 품목을 유지하는 것이 좋다.

② Puzzle 메뉴 개선방법은 제거시키기보다는 적극적인 마케팅

활동을 강화하며 메뉴의 최상의 위치에 포지셔닝하는 방법을 모색할 필요가 있다.

③ 가격의 하향조정을 통해 수요의 탄력성을 높이고 선호도를 향상시킬 수 있다.

④ 이 그룹의 아이템수를 최소한으로 제한한다.

(4) Dog(저선호도, 저수익석)

선호도와 수익성이 모두 낮은 품목군이다. 인기도가 낮고 공헌이익도 매우 작은 메뉴그룹이 Dog 품목인 만큼 이 아이템은 손실발생 품목이다.

① 이 그룹의 메뉴품목은 원칙적으로 메뉴에서 제거한다. 다른 메뉴 품목들과의 관련성이 전혀 없거나 적은 것부터 처리하는 것이 순서이다.

② 이 그룹의 품목을 분석해보면 수익성이 낮거나 인기도가 저조한 원인이 지나치게 낮게 책정된 가격수준에 연유하기도 한다. 이는 메뉴품목의 가격을 최소한 Puzzle군의 가격수준을 인상함으로써 Dog의 지위를 개선할 수 있다.

③ 모든 메뉴 품목이 수익성목적만을 위해서 결정되는 것은 아니다. 대중성도 없고 수익성도 약하지만 레스토랑의 품위나 명예유지를 위해 상징적으로 필요한 메뉴도 존재하기 때문이다.

④ Dog 품목으로 판명될 경우 정식 메뉴상 품목으로 등재하지는 않지만 고객의 특별주문, 사전에 예약을 할 경우를 대비하여 내부적으로 이 품목에 대한 재고를 계속 유지하도록 하는 정책을 수립할 필요가 있다.

Chapter 08

메뉴상품의 마케팅 전략

제1절 **마케팅의 이해**

1. 마케팅의 개념

1) 마케팅의 의의

마케팅이란 개인이나 조직의 욕구를 충족시키고 목표를 달성하기 위한 제품, 서비스, 아이디어를 개발하고, 가격결정 및 정보제공과 유통 등 관련된 제반 활동을 계획하고 집행하는 과정을 의미한다.

마케팅의 전제조건은 첫째, 마케팅의 적용대상을 영리추구의 기업체와 비영리 조직체 또는 개인의 활동으로 하고 있다. 둘째, 교환의 대상을 재화와 서비스뿐만 아니라 아이디어까지 포함시킨다. 셋째, 마케팅믹스의 요소들을 구체적으로 명시한다. 즉 마케팅 관리자가 마케팅 활동을 효과적으로 수행하기 위하여 사용할 수 있는 도구를 의미하며 미국의 McCarthy의 수의 정의에 따라 제품(product), 가격(price), 유통경로(place), 촉진(promotion) 등 네 가지 요소로 구성되며 4P's라고 한다.

그러나 최근 마케팅믹스를 서비스에 맞게 창조적으로 확장한 외식서비스 마케팅에서는 4P's 개념과 서비스에 적용되는 사람(people), 물적 증거(physical evidence), 과정(process) 등 3P's를 추가하여 7P's로 확장된 마케팅믹스의 새로운 개념으로 구성하고 있다.

생산기술의 발달로 소비자가 시장을 지배하는 시대로 반전되면서 기업의 관리측면에서 소비자의 욕구에 초점을 맞춘 소비자지향적인 마케팅활동이 중요하게 되었다. 또한 생산과 소비를 연결해 주는 유통의 중요성은 국민경제의 원활한 순환구조 형성에 크게 관여하기 때문에 유통을 포함하는 마케팅의 중요성은 더욱 강조되고 있다.

2) 마케팅의 기능

메뉴는 식당이 추구하는 영업행위의 본질을 말해 주는 동시에 고객에게는 안내자로서의 역할을 갖는다. 다시 말해, 식당영업의 진행 상황을 식당과 고객을 연결시켜 줌으로써 가능케 한다. 메뉴의 다음과 같이 4가지로 정의할 수 있다.

첫째, 메뉴는 판매 도구이다. 메뉴에는 영업 품목과 가격, 서비스 제공 방법이 상세히 기록되어 있기 때문에 웨이터의 상세한 서비스보다 메뉴를 대함으로써 그 식당 등의 분위기와 영업 행위를 파악할 수 있다. 따라서 메뉴는 고객의 욕구를 충족시켜 줄 수 있는 방향으로 구성되어야 하며, 내용이나 가격 설정에 있어서도 고객의 입장에서 세심한 관찰이 이루어져야 한다.

둘째, 메뉴는 식당의 얼굴이며 상징이다. 식당경영은 메뉴를 개발하고 세분화하여 시장차별화 전략을 통하여 고객의 욕구를 충족시키고 이윤을 창출하는 마케팅 행위이다. 식당은 메뉴로 통하듯이 메뉴는 간판이며 상징체계로서의 의미를 갖는다.

셋째, 메뉴는 경영자와 고객을 연결해 주는 커뮤니케이션 수단이다.

넷째, 메뉴는 식당의 분위기를 말해준다. 메뉴의 형태, 색채, 크기, 문자구성 등이 식당 분위기와 조화를 이루면서 균형을 유지하도록 노력하여야 한다.

3) 마케팅의 목표

(1) 소비의 극대화

소비자가 구매하고 소비할 수 있는 상품이나 서비스의 양을 극대화하여 생산, 고용 및 부의 극대화를 목표로 한다.

(2) 소비자 만족의 극대화

소비의 양적 극대화보다는 질적인 소비자의 만족으로 연결될 수 있도록 한다는 목표이다.

(3) 선택의 극대화

다양한 상품과 브랜드를 소비자에게 욕구충족 차원의 폭넓은 대안의 제공을 목표로 한다.

(4) 질적 생활의 극대화

행복이나 복지 등 소비자 생활의 질적 수준을 향상시키는 것을 마케팅의 궁극적인 목표로 한다.

제2절 마케팅 전략

1. 마케팅 전략의 개요

1) 마케팅 전략의 정의

마케팅 전략이란 주어진 목표를 달성하는 가장 효율적인 방법에 관한 계획과 결정을 말한다. 예컨대, 비행 계획은 항공 조종사와 관계가 있는 것과 마찬가지로 마케팅 전략은 마케팅 전문가와 밀접한 관계가 있다. 조종사는 비행 목적지를 알고 있는데 그것은 목적지가 미리 정해져 있기 때문이다. 마찬가지로 외식기업에 있어서 마케팅

관리자가 정해진 마케팅 목표에 도달하기 위해서는 마케팅 전략의 방향이 수립되어야 한다.

외식상품은 식당에서 판매되는 식·음료 외에 종사원의 서비스와 휴식공간으로서의 분위기가 곁들여질 때 완벽한 상품이라고 말할 수 있다. 외식상품은 유형성과 무형성을 함께 가진 상품으로 서비스가 상품을 평가받는데 중요한 작용을 하고 있다. 이러한 서비스 고유의 특징은 일반 제품의 마케팅과는 다른 마케팅 전략을 수행해야 한다.

2) 마케팅 전략의 목표

마케팅 전략을 전개하거나 마케팅믹스를 만들어 내기 이전에 기업을 각 표적시장에 맞는 명확한 마케팅 목표를 수립해야 한다. 마케팅 목표는 표적시장에 관련된 목표의 표현이다. 전략은 항상 이렇게 설정된 목표에 합치하도록 개발되어야 한다.

마케팅 목표가 명확해야 한다는 것은 중요한 사항이다. 마케팅 전략의 성공은 그 전략이 실행되었을 때 마케팅 목표에 적합한지 아닌지 그 여부의 결정에 의해 측정되기 때문이다. 이러한 결정을 가능케 하기 위해서 마케팅 목표는 항상 다음과 같은 정보를 포함해야 한다.

1) 바라던 결과 : 무엇이 변하고 성취되었는가?
2) 마케팅 활동 : 어떻게 수행되었는가?
3) 표적시장 : 누구를 대상으로 활동이 수행되었는가?
4) 시간 축 : 언제?
5) 성공의 측정 : 어느 정도인가?

2. 마케팅 전략과정

마케팅은 순환적인 기능이다. 어떤 마케팅 계획이든 단계적인 전략 수립과정을 거쳐서 최종 평가를 거쳐 다시 계획을 수정하는 plan – do – see – plan – do – see – …의 반복적 과정이라

할 수 있다. 그 점을 염두에 두고 마케팅 전략 수립과정은 다음과 같이 마케팅 전략은 6단계에 걸쳐서 수립된다.

1) 소비자 분석(consumer analysis)
2) 시장 분석(market analysis)
3) 경쟁 분석(review of competition & self)
4) 유통경로 분석(review of distribution channels)
5) 예비적 마케팅믹스 수립(development of a "preliminary" marketing mix)
6) 경제성 평가(evaluation of economy)

위의 1) - 5)단계까지는 마케팅믹스(marketing mix)를 만드는 단계이다. 여기서 마케팅믹스는 마케팅의 4요소라고들 하는 4P's - 제품(product), 장소(place), 판촉(promotion), 가격(price)을 어떻게 섞어서(mix) 구성할 것인가를 의미한다. 제품 A는 어떠한 특징을 갖는 제품(product)으로, 어떤 유통채널을 통해 공급되어 어떤 곳에서 팔 것이고(place), 어떤 방식으로 판촉할 것이며(promotion), 가격은 어느 정도로 하겠다(price)를 결정하는 것이 마케팅믹스 수립이다. 그런데 이 4P들은 서로서로 연관이 되어 있기 때문에 하나를 변경시키면 나머지 모두가 영향을 받게 되어 있다. 따라서 특정 제품에 가장 알맞은 최적의 조합을 찾아내는 것이 중요하며 이런 조합을 곧 좋은 마케팅믹스라고 할 수 있다. 마케팅믹스에서 특히 중요한 포인트는 이들 4요소가 내부적으로 일관성이 있으면서 상호 보조적이어야 한다는 것이다.

일단 마케팅믹스를 만들고 나면 그 마케팅믹스의 경제성을 평가해보고 경제성이 있으면 전략대로 추진하고 그렇지 않으면 다시 앞 단계로 돌아가서 새로운 마케팅믹스를 만들게 된다. 그런 순환과정이 바로 마케팅 전략 수립이라고 할 수 있다.

제3절 메뉴마케팅 전략

1. 메뉴마케팅 전략의 정의

잘 팔리는 메뉴를 만들기 위해서는 우선 어떤 점에 유의를 해야 하는지를 정확히 알아야 한다.

일반적으로 제조업의 마케팅 요소를 말할 때는 Product(제품), Price(가격), Place(유통), Promotion(촉진)의 4P's를 언급하지만, 서비스상품을 판매하는 외식산업에서는 4P's 이외에 Process(과정), Physical evidence(물리적 증거, 서비스시설), People(종업원)의 3P's를 추가하게 된다. 하지만 메뉴마케팅에서는 이러한 요소들도 중요하지만 차별화된 전략과 포지셔닝 전략을 수행하기 위한 마케팅 믹스를 선택하고 운영하느냐가 더 중요하다고 볼 수 있다.

2. 메뉴마케팅의 특성

1) 생산과 소비의 동시성

제조기업에서는 제품을 공장으로부터 고객에게 전달하기 위한 물적 유통경로를 가지고 있지만 서비스는 생산과 소비의 동시성 때문에 제품처럼 직접적인 물적 유통경로가 없다. 즉 외식산업에서는 서비스의 생산, 판매, 소비가 공간적으로 구분되지 않고 통합되어 있다.

2) 생산방법의 제한서

대부분의 제품은 판매 시점에 맞게 제조·포장·수송되지만, 외식서비스는 같은 장소에서 생산되고 소비되는 경우가 많기 때문에 생산 공정의 자동화가 어렵고 대량 생산시스템 구축이 힘들다.

3) 소멸성

서비스는 행위나 수행이므로 서비스 자체를 저장할 수 없다. 능력 이상의 수요가 있는 경우에는 재고가 없기 때문에 일부 소비자들은 발길을 돌릴 수밖에 없다. 따라서 서비스에서는 서비스 능력에 맞도록 수요를 관리하는 것이 필요하다.

4) 노동집약성

서비스는 자동화가 힘들고 인적자원에 의존하는 경우가 많아 노동집약적인 성격을 갖는다. 따라서 인적 구성요소가 중요한 부분을 차지하며, 인건비율이 높은 특성을 갖는다.

5) 소비자의 참여

서비스의 생산과정에는 반드시 소비자가 참여하게 된다. 이는 서비스의 수행이 물적 시설, 정신적 혹은 신체적 노동이 결합되어 산출되는 것을 의미한다.

3. 메뉴마케팅의 유형

마케팅의 중요성을 외식산업에 있어서도 마찬가지로 여겨지고 있다. 사회구조가 복잡해지고 소비자들의 기호가 다양해지면서 유행이 급속하게 변하는 시대를 맞아 외식산업도 변화하지 않을 수 없는 환경에 놓이게 되었다. 음식(먹는) 장사는 망하지 않는다며 '황금 알을 낳는 거위'로 통하던 외식업도 외식 인구의 증가를 앞지르는 업소 수의 증가로 업소 간 경쟁이 심화되면서 더 이상 설득력이 없는 옛 말이 되어버린 것이다. 이제 외식업계는 고객이 바라는 바의 욕구를 먼저 파악하여 그것에 맞는 상품을 제공하지 않으면 생존하기 힘든 경쟁 산업사회로 변화되었다.

외식마케팅의 범주는 메뉴의 콘셉트, 가격결정, 프로모션, 기획, 광고 및 홍보에 이르기까지 매우 광범위하며 이는 궁극적으로 소비자들을 끌어들이기 위한 전략이라 볼 수 있다. 성공적인 마케팅 활동은 수치상의 매출상승과 고객수 증가만을 의미하지는 않지만 기업이 추구하는 가치와 이미지를 형성하는데 영향을 미친다고 할 수 있다.

국내 외식 마케팅의 유형을 대체적으로 살펴보면 다음과 같이 요약할 수 있다.

1) 타깃 마케팅

과거 기업들은 불특정 다수들을 대상으로 마케팅 활동을 벌였지만 시대의 흐름과 더불어 이러한 마케팅을 더 이상 성공할 수 없게 되었다. 각 기업의 고객 성향을 파악하여 좀더 구체적인 마케팅 전략을 세워야 하는 시대에 돌입하지 이미 오래 전이다. 외식산업에 있어서도 이러한 타깃 마케팅이 성공을 보장할 수 있는 하나의 마케팅 유형으로 자리잡았다고 보여진다. 어린이는 물론 가족 집단, 청소년 집단 등 특정 고객층을 겨냥한 틈새상품의 개발이 활발하다. 특히 외식산업에 있어서 여성고객, 신세대, N세대 등은 새로운 소비집단으로 대두되고 있다.

레스토랑에서 여성 고객들을 위해 마련하는 요리 교실이나 테이블 세팅, 와인 강좌 등은 업소의 이미지와 함께 새로운 여성 고객들을 확보할 수 있는 장점이 있다.

또한 키즈메뉴 개발과 놀이방 설치 등을 통해 어린이 고객들은 물론 가족 고객들의 외식 횟수를 늘리는 한편 어린이들이 미래의 주요 고객임을 감안할 때 어린이를 타깃으로 한 마케팅은 장기적인 전략으로 점쳐질 수 있다.

2) 가격 마케팅

가격 마케팅은 박리다매 형태의 가격인하 방법과 고소득층을 겨냥한 가격인상이라는 두 가지 형태로 나타난다.

레스토랑에서 가격 인하를 실시하는 주된 목적은 기존 고객의 만족과 더불어 내점 횟수를 늘리고 객단가 상승, 신규 고객을 창출한다는 점에 알았다. 그러나 과다하게 가격파괴를 실시하는 것은 단기간 고객들의 관심을 끌어 모을 수 있지만, 오히려 상품에 대한 가격이 싸게 이미지화 되어 문제의 심각성이 나타나게 된다. 따라서 가격파괴보다는 원재료 및 물류비용, 구입원가, 운영비용 등을 조절해 가격 인하를 꾀하는 것이 바람직하다.

3) 연계 마케팅

연계 마케팅이란 공동으로 판촉을 하는 방법으로 비용절감과 동시에 시너지 효과를 발휘할 수 있어 외식산업에서 많이 사용하는 프로모션의 한 방법이다.

연계 마케팅으로 외식업체는 프로모션 운영비와 프로모션 진행에 필요한 물품 등을 지원받아 매출 상승과 함께 내점 고객을 늘릴 수 있는 이점이 있으며 외식업체와 프로모션을 함께 시행하는 쪽도 연계 마케팅을 통해 고객들에게 알려진다는 홍보 효과를 얻게 된다.

4) 인터넷 마케팅

최근 들어 활발히 진행되고 있는 인터넷 마케팅은 정보통신 분야뿐만 아니라 일반 제조업·유통업·서비스업체들도 인터넷의 효과를 실감하면서 '광고매체'와 '마케팅'의 도구로 인기를 더해가고 있다. 외식기업들은 자사만의 홈페이지를 만들어 각종 행사 홍보를 통해 고객의 방문을 유도하고 있다. 또한 홈페이지에서 할인쿠폰을 프린트해 레스토랑을 방문했을 때 할인 혜택을 제공하는 등 적극적인 마케팅으로 고객에게 다가서고 있다.

5) 쿠폰 마케팅

쿠폰 마케팅을 쿠폰을 이용한 고객창출기법이라고 할 수 있다. 각종 할인쿠폰은 물론 무료시식 쿠폰, 쿠폰북 등을 DM으로 발송하거나 레스토랑을 방문한 고객들에게 제공함으로써 재방문을 유도하고 새로운 잠재고객들을 창출할 수 있다.

그러나 무리한 쿠폰 마케팅은 오히려 고개들에게 나쁜 이미지를 심어 줄 수 있다는 점을 명심해 타 마케팅과 병행하여 적절하게 사용해야 한다.

6) 포인트 마케팅

포인트 마케팅이란 매출 증대와 고정 고객 확보를 위해 시행하는 것으로 이용금액 당 포인트 점수를 적립시켜 고객들에게 환원해 주는 방식을 말한다. 이용 실적에 따라 특전을 제공하는 보너스카드는 이미 항공사 및 신용카드업계에서 일반화되었으면 외식업계 있어서도 보너스 포인트카드 등을 발급해 주고 있다. 이러한 포인트 마케팅은 소비자에게는 저렴하게 외식업소를 이용하는 효과가 있고, 외식업소에서는 단기간 내에 단골고객 확보가 가능하다는 장점이 있어 적극적으로 활용되고 있다. 또한 보너스카드 제도는 업소의 매출 정산과 새로운 고객수를 한눈에 파악 고객관리가 유용할 뿐 아니라 카드에 상호와 약도, 전화번호 등을 인쇄할 수 있어 간접적인 광고 효과를 얻을 수 있다.

7) 맞춤 마케팅 전략

외식업계에서는 고객의 구매 형태 등에 맞춰 정보와 혜택을 제공하는 일대일 맞춤 마케팅을 선보이고 있다. 이는 비용도 줄이고, 고객을 효율적으로 관리할 수 있어 많은 업체들이 도입을 검토 중이다. 한 외식업체의 경우 단골손님이 좋아하는 음식, 음료 등의 무료 시식권이나 할인쿠폰 등을 보내줄 계획이다. 패밀리 레스토랑인 TGIF, 마르쉐 등은 자사카드를 많이 사용한 고객들에게 영화 할인 티켓이나 무료 관람권 등을 수시로 보내주는 등 문화와 연계된 마케팅 전략을 펼치고 있다.

외식업계의 무분별한 고객 확장 전략은 단기적인 매출 향상을 기대할 수는 있겠지만, 일대일 맞춤 마케팅 전략을 사용한다면 고객에게 감동을 주고 단골고객의 확보를 통해 꾸준한 매출 증대 효과를 얻을 수 있게 된다.

4. 메뉴마케팅 전략의 요소

1) 제품 믹스(product mix)

좋은 제품은 마케팅의 핵심이다. 기업이 지속적으로 성장하기 위해서는 여러 가지의 기능을 가진 제품들이 다양하게 결합되어 있어야 하며 제품 및 제품 구색을 끊임없이 수정하여야 한다. 기업은 소비자의 욕망의 종류나 양태를 시장조사를 통해 정확히 파악, 이를 충족시킬 수 있는 제품을 기획·개발·생산해야 한다. 특히 제품 전략면에서 단순한 심리적 만족을 주는 외적 차별화보다는 품질 수준을 높여 주는 내적 차별화의 방향으로 기획·개발·신용도 개척이 이루어져야 한다. 외식산업에 있어 제품이란 메뉴와 서비스로 이러한 제품들은 고객의 생리적, 심리적, 사회적 필요와 욕구를 충족시킴으로써 그들의 생활을 유지·향상시켜야 한다.

2) 가격 믹스(price mix)

가격은 고객을 유치하는데 있어서 매우 중요한 역할을 한다. 따라서 기업에서는 가격 전략을 개발할 때 수요를 고려해야 하고, 생산과 마케팅, 관리비용, 경쟁의 영향, 서비스 품질에 대한 고객의 지각 등을 고려해야 한다.

가격은 경비의 비용을 보상 해주고 이익을 창출해 주는 기능을 갖고 있으며, 가격 정책은 판매 촉진의 한 수단이기도 하다. 이러한 가격 요소로는 표준가격, 할인가격, 지불기간 연장 이외에도 고객이 인식한 가치, 타사와의 차별화 등의 요소가 포함된다.

3) 입지 믹스(place mix)

외식산업을 입지산업이라고 하듯이 외식업에 있어 입지 전략은 매우 중요한 요소 가운데 하나이다. 이러한 입지 선정 시 고려해야 할 요인으로는 고객동향 조사, 기존 점포 조사, 접근 가능성, 주변 지역의 기능 파악, 주차면적, 점유 조건 등이 있다.

4) 촉진 믹스(promotion mix)

점포의 입지와 건물 및 내장, 전시·진열 등과 같은 구매 환경, 상품화, 가격 설정 활동 등이 합리적으로 수행되었다 하더라도 내점율이 낮으면 점포의 판매 목표를 달성할 수 없게 된다. 지역 상권 내의 거주자와 통근·통학자의 내점률을 높이고 이들을 실제적인 구매 고객으로 하기 위해서는 사전 판매 활동인 정보제공이 이루어져야 한다.

이와 같이 업소가 표적 고객을 대상으로 특정 상품이 특정 장소에서 특정 가격에 판매되고 있다는 정보제공 활동을 하는 것을 촉진이라고 한다. 이러한 촉진 활동의 수단으로는 광고와 인적 판매, 판매촉진, 퍼블리시티, 구전 등이 있다.

5) 물적 증거(physical evidence)

물적 증거란 서비스가 전달되고 기업과 고객이 상호 작용하는 제반 환경이며, 서비스를 의사소통하고 성과를 촉진하는 모든 유형적인 요소를 말한다. 즉 서비스의 물적 증거는 유형적인 표현물 일체가 포함되며 물리적인 설비 등도 여기에 해당된다. 이러한 물적 증거는 기업으로 하여금 고객들에게 조직의 목적을 달성하기 위한 세분된 표적시장에 일관되고 강한 메시지를 전달할 수 있게 도와준다.

실제로 외식업소에서는 식음료만을 판매 대상으로 하지 않는다. 서비스 생산에 반드시 필요한 장비나 기구, 설비 등 유형물이 있는데 소비자들은 이러한 물적 증거를 보건 이용하여 서비스를 구매하게 된다. 이는 곧 서비스의 구매동기가 되고 서비스 질의 평가기준이 되는 것이다.

외식산업의 물적 증거가 되는 건물, 실내장식, 음악, 시설, 주방 설비, 조명, 테이블 등은 여타의 산업 분야의 상품들과 달리 시각적 효과를 충분히 살릴 수 있어 이러한 장점을 최대한 활용해 고객 흡입력을 높이도록 해야 한다.

6) 참여자 믹스(participants mix)

참여자란 서비스 생산과정에서 역할을 수행하는 모든 인적 요소들을 말하며 그들은 구매자의 인식에 커다란 영향을 끼친다. 종사원들이 어떤 복장을 하고 있고 어떠한 외모와 태도 그리고 어떤 행동을 보이는가는 고객들의 서비스 지각에 막대한 영향을 미치게 된다. 여기서 말하는 참여자란 모든 종사원뿐만 아니라 고객을 의미하기도 한다.

외식업소에서는 내부 고객과 외부 고객을 포함한 사람을 떼어놓고는 서비스 제공물을 이해하고 평가할 수 없다. 다시 말해 종사원의 능력과 태도, 그리고 외모는 구매자가 자신이 제공받게 될 서비스의

품질과 유형을 평가하는데 도움을 주다. 따라서 외식업소에서는 종
사원들을 채용하거나 그들이 업무를 잘 수행할 수 있도록 교육시키
는 것에 관심을 기울여야 한다.

7) 서비스 생산과정(process of service assembly)

서비스 생산과정이란 고객이 서비스 창출 활동에 참여하여 서비스
를 전달받는 과정과 관련된 과정으로서 서비스의 질과 고객의 욕구
충족, 만족 수준에 영향을 미친다. 레스토랑을 이용하는 고객들은
종사원의 안내를 받아 착석한 후 주문을 받고, 식음료를 제공받는
과정 그리고 식음료를 즐기는 과정을 중요하게 여긴다. 따라서 서비
스 생산과정을 디자인할 때 서비스의 흐름이 원활히 이루어지도록
설계되어야 한다.

Chapter 09

메뉴해설

제1절 메뉴해설의 개념

1. 메뉴해설의 이해

1) 메뉴명

음식의 이름인 메뉴명은 고객에게 정신적인 이미지를 주게 되기 때문에 중요하다. 식사에 대한 만족은 고객들이 기대를 충족시키는 음식으로부터 나온다. 따라서 메뉴명은 레스토랑의 상징적이므로 신중하게 연구되어야 한다.

메뉴상품을 제공하는 레스토랑에서의 메뉴명은 고객이 쉽게 알 수 있는 용어를 사용해서 메뉴의 특징이 소비자에게 잘 전달되도록 만들어야겠다.

참신한 아이디어로 성공하는 사례도 있으나 일반적으로 그러한 특별한 명칭은 레스토랑의 테마를 전달하거나 특정한 촉진목적을 위해서만 사용되어야 한다.

2) 메뉴설명

음식에 대한 이해는 적절한 메뉴 설명을 통하여 고객들의 구매동기를 자극하고자 하는 것이다. 메뉴 유래, 조리방법, 기본 재료, 먹는 방법, 상품의 크기 등을 메뉴명과 함께 설명하는 것이다.

제2절 각국의 메뉴와 메뉴해설

1. 한식 메뉴

우리나라는 지형적으로 남북으로 길게 뻗은 반도로 평야와 산이 있고 삼면이 바다이다. 이러한 자연환경에서 생산되는 농산물, 수산물, 축산품 등의 재료가 풍부하여 다양한 음식문화가 발달하였다.

또 사계절이 뚜렷하여 시절음식이 생겨나고 각 지방의 향토음식, 궁중음식, 약선음식, 반가음식, 관혼상제음식, 발효음식 등으로 분류되어 많은 변화의 과정을 거쳐 독특한 조리기술 개발과 상차림 및 독창적인 식문화의 변천과 더불어 발전되었다.

오랜 세월동안에 이루어진 독특한 형태의 다양한 음식들이 사회구조와 외래문화의 영향으로 오늘날에 와서는 전통성을 잃어버린 것도 있다.

1) 주식류

- 밥 : 쌀밥, 잡곡밥, 오곡밥, 콩밥 등
- 죽 : 옹근죽, 원미죽, 무리죽, 미음, 응이, 범벅 등
- 국수 : 냉면, 온면, 비빔국수 등
- 만두 : 미만두, 편두, 어만두 등

(1) 밥

조리 조건은 쌀의 품종, 양, 건조도, 솥 등에 따라 물의 양과 불의 세기 정도를 달리하여 조리하여야 한다.

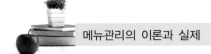

밥은 식사 전체를 지칭하기도 하고 가세의 흥망을 비유하는데 사용할 만큼 우리들이 귀중하게 여겨온 한국의 대표적인 음식이다.

같은 밥이지만 '진지'는 웃어른께 드릴 때 쓰고 '수라'는 임금님께 올리는 밥을, '메'는 제사 때 쓰는 밥이다.

● 밥의 종류

흰밥, 보리밥, 차조밥, 콩밥, 팥밥, 찹쌀밥, 장국밥, 무밥, 콩나물밥, 굴밥, 비빔밥, 잡곡밥, 오곡밥, 약밥 , 밤밥, 김밥, 조개밥 등

(2) 죽

곡식을 물에 불려 6~7배가량 물을 붓고, 오래 끓여 무르익게 만든 유동상태의 음식이다. 죽의 쌀알의 크기에 따라 옹근죽, 원미죽, 비단죽으로 나눈다. 미음은 곡식을 10배의 물을 부어 푹 고아서 체에 거른 것이며, 응이는 곡물을 갈아서 가라앉은 녹말을 말려 두었다가 물에 풀어 쑨 고운 죽이다.

● 죽의 종류

흰죽, 보리죽, 팥죽, 호박죽, 녹두죽, 타락죽, 아욱죽, 잣죽, 깨죽, 양원죽, 전복죽, 채소죽, 속미음, 칡응이 등

(3) 국수

예로부터 잔치나 생일날 점심에는 장수를 비는 뜻으로 먹었다. 또한 고려시대 때는 밀가루 값이 매우 비싸서 성례가 아니면 먹지 못하였다고 한다. 국수는 한문으로 면이라고 하지만 엄밀히 말하자면, 면은 원래 밀가루를 의미하며, 밀을 빻은 가루는 '면', 면으로 만든 음식은 '병'이라고 하였다.

냉면은 메밀을 많이 넣고 삶은 국수를 의미하며 크게 평양냉면과 함흥냉면으로 나뉜다.

● 국수의 종류

국수장국, 비빔국수, 열무국수, 냉면, 콩국수, 잣국수, 회냉면, 동

치미냉면, 창면, 탕병, 면신설로 등

(4) 만두

만두피에 만두소를 넣고 빚어 장국국물에 넣어 끓이거나 쪄내는 음식이다.

「음식디미방」의 기록에 의하면, 메밀가루로 만든 것은 만두라 하고 밀가루로 만든 것은 수교라고 불렀다.

● 만두의 종류

수교위, 꿩만두, 규아상, 어만두, 석류만두, 배추만두, 김치만두, 편수 등

2) 부식류

- 국 : 맑은국, 토장국, 고음국, 냉국 등
- 찌개 : 된장찌개, 청국장 찌재, 고추장찌개, 감정 등
- 찜 : 갈비찜, 생선찜, 닭찜, 죽순찜 등
- 선 : 애호박선, 오이선, 가지선, 두부선, 배추선 등
- 조림 : 생선조림, 장조림, 전복초, 홍합초 등
- 전골 : 신선로 등
- 구이 : 간장구이, 소금구이, 포구이 등
- 기타 : 전유화, 회 족편, 편육, 포, 튀각, 젓갈, 장아찌, 숙채, 쌈, 냉채, 김치 등

(1) 국

계절, 밥의 종류와 반찬의 내용에 따라 맛과 색채감, 영양소가 균형을 이루도록 하여 찌개보다 국물을 훨씬 더 많게 하고 싱겁게 한다.

●국의 종류

맑은 장국, 토장국, 곰국, 냉국, 탕반 등

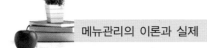

(2) 찌개

장국에 된장, 고추장, 청국장 등을 풀어 넣고 생선, 채소, 고기 등을 넣고 끓인 음식으로 국물이 적고 건더기가 국물이 동량이 될 정도로 끓인다.

찌개와 같은 메뉴 명으로는 조치, 감정, 지짐이 등이 있다.

● 찌개 종류

된장찌개, 고추장찌개, 젓국찌개, 청국장 등

(3) 전골

각색 재료를 썰어 준비하여 전골틀에 얹어 즉석으로 먹는 음식으로 원래는 전립을 뒤집어 놓은 것처럼 국물이 고일 정도로 깊이 패여 있고 가장 자리에 각색 재료를 넣어 익혀가며 즉석에서 끓여 먹는 음식이다.

● 전골의 종류

버섯전골, 만두전골, 김치전골, 만두전골, 낙지전골 등

(4) 찜

주로 육류를 주재료로 하고 채소류를 부재료로 하여 간을 한 국물을 자작하게 부어 오랜 시간 무르게 익히는 조리법이다.

● 찜의 종류

홍어찜, 도미찜, 사태찜, 닭찜, 우설찜, 갈비찜, 대하찜, 알찜, 미더덕찜, 토란찜 등

(5) 선

찜과 같이 비슷하나 주로 야채를 가지고 만든다. 여기에 쇠고기와 버섯으로 소를 넣어 육수를 조금 부어서 익혀 낸다. 부드럽고 독특한 맛을 지녀 노인이나 환자에게 좋다.

● 선의 종류

호박선, 가지선, 오이선, 무선, 두부선, 어선 등

(6) 조림

조림은 주로 반상에 오르는 찬품으로 간을 약간 세게 하여 조리는 것으로 생선, 고기, 두부와 감자의 재료를 큼직하게 썰어 놓고서, 간장 또는 간장과 고추장을 섞어서 조린다.

● 조림 종류

장조림, 장산적, 똑똑이, 북어조림, 두부조림, 콩조림 등

(7) 초

초는 볶는 조리법의 총칭으로 조림과 같은 방법으로 조리하되 조림의 국물에 녹말가루를 풀고, 국물 없이 윤기 있게 조리는 것이다.

● 초의 종류

홍합초, 소라초, 전복초 등

(8) 구이

소금으로 간을 한 것과 간장, 기름, 향신료, 등을 배합한 양념장에 재웠다가 석쇠에 굽는 것이 있다.

● 구이의 종류

갈비구이, 불고기, 조기구이, 대합구이 등

(9) 적

적은 여러 가지 재료를 손가락 크기만큼으로 썰어 꼬치에 꿰어 구운 음식을 말한다. 화양적은 재료를 각각 양념하여 익혀서 꼬치에 꿰고, 지짐 누름적은 재료를 꿴 다음에 밀가루와 달걀을 묻혀 지진 후 꼬지를 뺀다.

● 적의 종류

사슬적, 화양적, 떡산적, 행적 등

(10) 전

생선, 고기, 그리고 채소와 같이 여러 재료를 밀가루에 묻혀서 달
걀을 구운 후에 납작하게 지져 낸다.

● 전의 종류

호박전, 김치전, 대구전, 숭어전, 표고전, 파전, 굴전, 비웃전, 두
릅전 등

(11) 회

소고기나 어패류 또는 채소류를 생으로 또는 살짝 데쳐서 양념 초
고추장, 겨자장 또는 소금 기름에 찍어서 먹는 음식으로 술안주에
많이 먹는다.

● 회의 종류

어채, 육회, 꿩회, 갑회, 숙회, 대구껍질강회, 미나리강회, 파강회 등

(12) 편육

끓는 물을 소금으로 간을 하고 고기는 덩어리로 넣어 속까지 익
을 수 있도록 삶아서 베보자기에 싼 다음에 큰 돌로 눌러 굳힌다.

● 편육의 종류

양지머리편육, 쇠머리편육 등

(13) 포

포는 수족육류나 어패류의 연한 살을 얇게 저미거나 다져서, 혹은
통째로 말린 것이다. 간장이나 소금으로 간을 하여 말려 두었다가
마른 찬이나 술안주로 쓴다.

● 포의 종류

육포, 어포, 대구포, 편포, 상어포, 오징어포, 편포쌈 등

(14) 튀김과 부각

호도, 다시마, 고추 등을 그대로 기름에 튀겨서 소금이나 설탕 조미를 한 것은 튀각이라 하고 깻잎이나 김에 찹쌀 풀을 쑤어 발라 말린 후 기름에 튀긴 것은 부각이라 한다.

● 부각의 종류

깻잎 부각, 다시마 부각, 참죽 부각, 콩잎 부각, 김 부각, 고추 부각 등

(15) 젓갈

주로 수산동물을 소금에 절여서 오래 저장하였다가 삭혀 먹는 발효성 가곡식품이다. 젓갈류 중에는 엿기름가루나 밥을 섞어 생선을 삭힌 것을 식해라고 하며, 메조로 밥을 지어 식혀서 소금과 고춧가루 양념에 섞은 후에 삭힌 함경도의 가자미 식혜, 동태식해가 있다.

● 젓갈의 종류

오징어 젓, 명란젓, 가자미식해, 조개젓, 창란젓, 멸치젓, 기웃젓, 전어 밤젓 등

(16) 장아찌

장아찌는 재료가 풍부한 것, 또는 쓰다 남은 것들을 오래 두고 먹을 수 있도록 간장, 고추장, 된장, 또는 식초에 담가 놓고 꺼내서 다시 무치는 것으로 참기름과 깨소금, 그리고 설탕으로 무친다.

● 장아찌 종류

오이장아찌, 깻잎장아찌, 무장아찌, 동과장아찌 등

(17) 숙채

채소, 산나물, 들나물 등을 끓는 소금물에 살짝 데쳐서 파랗게 무

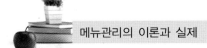

치고, 말린 것은 물에 불려 볶아서 익히며, 고사리와 취나물은 물에 푹 삶아 두었다가 볶는다.

● 숙채의 종류

버섯나물, 깻잎나물, 고춧잎나물, 죽순채, 박나물, 씀바귀나물, 취나물, 미나리나물, 무나물, 고사리나물, 토란대나물, 도라지나물, 호박나물 등

(18) 생채

생채와 숙채는 우리 음식의 부식 중 가장 근본적이고 대중적인 음식으로 생채는 제철 채소를 날 것 또는 소금에 절인 후 양념장에 무쳐내는 것으로 식초와 설탕의 동량으로 새콤달콤하게 무쳐내는 음식이다.

● 생채의 종류

무생채, 도라지생채, 오이생채, 더덕생채, 배추생채 등

(19) 쌈

잎이 넓은 채소에 밥과 고기, 생선, 된장, 고추장, 그리고 참기름 등을 골고루 넣어 싸서 먹는 것으로 쌈은 맛도 맛이지만 복을 싸서 먹는다는 관념을 가지고 있다.

● 쌈의 종류

호박잎 쌈, 상추쌈, 배추속대쌈, 다시마쌈, 깻잎쌈, 김 등

(20) 김치

김치는 인류가 농경을 시작하여 곡물을 주식으로 삼은 이후에 생겨났다. 배, 무, 오이와 같은 야채를 소금에 절여 물기를 뺀 다음 젓갈, 고춧가루, 파, 마늘, 생강, 갓, 미나리, 청각 등으로 양념을 한 식품으로 우리나라 대표적인 발효식품이다.

● 김치의 종류

배추김치, 깍두기, 열무김치, 장김치, 나박김치, 총각김치, 갓김치, 호박김치, 깻잎김치, 알타리 등

2. 양식 메뉴해설

양식당에서 제공하는 서양음식의 구성은 우리가 일반적으로 먹는 일상식과는 다르다. 메뉴구성이나 서빙방법 및 식재료가 차이가 있으며, 식사매너도 매우 복잡하다. 우리나라에 서양요리가 처음으로 소개되었던 것은 1890년 궁중에서 처음으로 커피가 소개되었고, 손탁이라는 여성은 고종 황제나 민비에게 처음으로 서양요리와 에티켓을 알려주었다고 한다.

1) 전채요리(appetizer)

정찬 또는 만찬의 첫 코스에 등장하는 요리로 식욕을 촉진하는 요리이다. 분량은 다른 요리에 비하여 소량이고, 맛은 식욕을 촉진하기 위하여 자극적이며, 첫 번째로 제공되는 음식이므로 모양이 아름답고, 색깔이 좋아야 한다. 최근에는 알코올음료와 함께 소화가 잘 되도록 하고 있으며 Hors d'oeuvre의 프랑스식 뜻은 De hors du menu로 '요리의 앞' 또는 '밖'이란 의미가 있다.

찬 애피타이저(hors d'oeuvre froide)와 더운 애피타이저(hors d'oeuvre chaud)가 있다.

(1) 찬 애피타이저(hors d'oeuvre froide)

차게 내는 전체로 카나페를 비롯하여 신선한 야채, 훈제연어, 새우칵테일, 테린 등이 있다.

(2) 더운 애피타이저(hors d'oeuvre chaud)

더운 애피타이저는 대부분 오븐으로 구워서 제공되는 것으로 베이컨 말이, 바닷가재 요리, 에스카르고, 오이스터 등이 있다.

<표 9-1> 나라별 전채요리에 대한 명칭

국 가	명 칭
한국	전채
일본	젠사이
중국	릉판
프랑스	오르되브르
러시아	자쿠스키
이탈리아	안띠빠스토
북구	스모가스보드
미국	애피타이저

2) 수프(soup)

수프는 프랑스에서는 뽀따지(patage)라고 하는데, 이는 'pot에서 익혀먹다'라는 의미이다. 초기 주방장들 중의 한 사람인 Careme은 가벼운 수프가 식욕을 촉진시킨다고 생각하여 가장 먼저 메뉴코스 중에서 첫 번째 코스로 개발했다. 수프는 메인요리 전에 먹는 것으로 영양가가 많고 양이 적은 음식으로 스톡(stock)을 기초로 여러 가지의 수프를 만든다.

(1) 맑은 수프(clear soup)

콘소메(consomme), 브로쓰(broth or bouillon), 야채수프(vegetable soup) Minestrone, Pistou 등

(2) 농도가 진한 수프(thick soup)

크림(cream), 포타지(potage), 퓨레(puree), 차우더(chowder), 비스큐(bisque) 등

3) 소스(sauce)

소스의 어원은 소금을 의미하는 라틴어 sal에서 유래되었다. 소스는 풍부한 향미를 지니고 있는 것으로, 다른 음식들을 보조하는 역할을 한다. 어떤 소스는 음식의 색깔을 보완한다. 이와 같이 소스는 가니쉬의 역할을 하나 동반되는 음식의 향미를 떨어뜨리는 것이어서는 안 되며, 향미를 강화시켜 줄 수 있어야 한다. 소스의 표준분량은 보통 2온스이지만 필요에 따라 그 분량이 달라진다.

- 핫소스(hot-sauce) – 브라운 그래비소스(brown gravy sauce), 토마토소스(tomato sauce), 애플소스(apple sauce), 홀랜다이즈소스(hollandaise sauce), 이탈리안 미트소스(Italian meat sauce) 등
- 콜드소스(cold-sauce) – 타르타르소스(tartar sauce), 사우전드 아일랜드 드레싱(Thousand island dressing) 등

소스의 종류로는 브라운소스(brown sauce), 화이트소스(sauce blanche), 토마토소스(sauce tomato), 드레싱(dressing) 등

4) 생선

생선요리는 다른 요리와 달리 신선도에 따라 맛이 절대적인 영향을 끼치기 때문에 조리하기 전에 신선함은 물론, 생선 자체의 결합조직이 약해 조리할 때에는 조심스럽게 다루어야 한다. 일반적으로 서양요리는 정식이 아니면 생선코스가 생략되는 경우가 많거나 주요리로 제공되기도 한다.

솔모르네(Sole Mornay), 피시뮈니엘(Fish Meuniere), 프랑스식 새우튀김(French fried shrimp) 등

5) 육류

서양요리에서 주 메뉴를 앙트레(entree)라고 부르기도 하며, 영어의 'entrance'의 뜻으로 정찬의 중간코스를 의미한다. 일반적으로 육류요리로서 많이 제공되고 있는 것은 소고기(beef), 돼지고기(pork), 양(mutton), 어린 양고기(lamb), 송아지(veal), 가금류 등이 있다.

쇠고기 요리 – 서로인 스테이크(sirloin steak), 살리스버리 스테이크(salisbury steak), 비프 스튜(beef stew)

돼지고기 요리 – 바비큐 폭찹(barbecued pork chop)

닭고기 요리 – 치킨 알라킹(chiken ala king), 치킨 커틀렛(chicken cutlet)

6) 샐러드(salad)

야채요리(salad : vegetable)는 라틴어의 Sal(소금)에서 비롯된 말로 재료인 야채에 소금을 가미해 만든 것이다. 샐러드는 채소를 익히거나 또는 생것을 차게 해서 만든 것으로 소스나 샐러드드레싱을 곁들여 샐러드의 맛을 살린다. 샐러드에는 허브, 플랜트(plant), 채소, 계란, 육류, 생선류 등과 오일비네거나 마요네즈를 이용하여 만든 각종 드레싱과 혼합하거나 곁들인다.

샐러드의 종류로는 콜슬로 샐러드(coleslaw salad), 감자 샐러드(potato salad), 월도프 샐러드(waldorf salad) 등이 있다.

7) 디저트(dessert)

디저트, 즉 후식은 식사의 마지막 단계로서 단맛과 풍미가 있는 케이크, 푸딩, 파이, 초콜릿, 후루츠칵테일, 아이스크림, 셔벗, 과일 등을 의미한다.

8) 음료(beverage)

정찬에서의 마지막 코스로 나오는 음료로 커피, 홍차, 녹차, 탄산 음료 등을 제공한다.

3. 이태리식 메뉴해설(Italian menu)

1) 소스(sauce)

이태리요리에서는 과도한 소스의 사용을 기피하는 경향이 있다. 전채요리에 소스가 있는 요리라면, 다음의 요리에는 소스가 없는 경우가 많다. 현재 사용하고 있는 프랑스 bechamel은 이태리의 balsamella에서, veloute는 salsa bianca에서 유래되었다는 설이 있다.

Salsa Verde(Green Sauce), Sugo di Pomodoro Fresco(Fresh Tomato Sauce), Pommarola(Summer Tomato Sauce), Sugo Sacappato or di Magro(Winter Tomato Sauce), Sugo di Carne(Meat Sauce), Pesto(Basil Sauce)

2) 피 자(pizza)

피자는 원래 나폴리인(Napples)에 의해서 남은 빵의 도우(dough)로 만들어졌다. 피자의 가장 고전적인 형태는 피자 나폴리타네(pizza napolitane)라 할 수 있으며, 토마토를 이용한 소스와 각종 야채를 혼합하고 치즈와 함께 만들어 벽돌로 만든 오븐에서 장작을 이용하여 구워냈다. 그러나 현재는 전기오븐을 사용하는 곳도 있다.

피자도우는 플레인(plain) 밀가루로 만들어지며, 내용물은 형태에 따라 무한하다. 두께는 매우 중요하여 너무 얇게 만들면 도우가 딱딱하여 깨지기 쉽고 너무 두꺼우면 맛이 없다. 0.5~1cm의 두께가 적당하다.

도우는 가장자리를 약간 두껍게 하여 굽는 동안에 내용물이 밖으로 흘러내리지 않게 한다. 구울 때에는 오븐을 충분히 가열되어 있어야 하며, 표면의 치즈가 갈색으로 보기 좋게 구워지면 된다.

피자 컴포트란코(comport ranco)는 브레드도우(bread dough)보다 이스트패스트리(yeast pastry)가 더 많이 이용된다. 또한 이것은 이중의 빵 껍질을 가진, 즉 도우 중간에 내용물이 들어 있는 상태이며, 피젯(pizzette)으로, 알려진 것들은 안티파스타(antipasta)와 함께 제공되는 것으로 찻잔의 가장자리처럼 두껍고 가운데가 빈 것처럼 굽는 것이다.

Pizzs Quattro Stragioni(Mixed Pizza), Pizza Con Lumache Alla Romana(Escargots Pizza), Pizza at Salame(Salami Pizza)

3) 파스타(pasta)

마르코폴로가 중국에서 이태리로 소개했다는 말이 있으나, 사실이 아니다. 로마제국 때에 밀을 이용하여 파스타를 만들어서 건조시켜 저장했다는 기록이 있다. 파스타가 안티파스티(antipasti) 다음, 첫 코스로 정착된 것은 거의 19세기 이태리 북부에서부터이며, 19세기 초까지만 해도 미네스트라(minesstra : soup)에 부속물로 이용되었다.

스터프드파스타(stuffed pasta)는 르네상스(Renaissance)시대에 등장하였다 한다. 파스타의 영양학적 성분은 거의 탄수화물로 이루어졌으며 약간의 단백질, 비타민, 미네랄과 지방을 포함하고 있다. 가장 양질의 파스타는 드럼위트(drum wheat)로 만들어진다. 이 밀은 거의 캐나다에서 수입되고 있다. 드럼위트는 밀의 일종으로 딱딱한 것이 특징이며 씨눈이 이용된다.

Alla Puttanesca(Spaghetti Tomato), Ai Funghi Aromatici (Spaghetti Mushroom), Alla Carbonara(Spaghetti Cream Sauce), Alla Bolognese(Spaghetti Meat Sauce), Alla Vongole(Spaghetti W/Clam), Bigoli Alla Veneziana, Cannelloni, Lasagne, Ravioli

4) 리조토(risotto)

리조토는 쌀을 이용한 조리며, 이태리에서는 쌀을 많이 생산하는 povalley를 중심으로 북부지방에서 많이 발전되어 있다. 그래서 리조토 조리에 가장 적합한 쌀은 Valley와 Arborio 산이다.

기본적인 조리방법은 버터를 두른 냄비에 쌀을 넣고 소테한 후 뜨거운 브로스(broth)를 넣고 계속 저어주면서 익힌다. 쌀 이외에 첨가되는 부재료에 따라서 여러 형태의 것들을 만들 수 있다.

Risotto Alla Rossino e Ligale di Mare(Rice with Mushroom, Lobster), Sartu di Riso(Paella)

5) 수프(zuppa)

이태리 수프의 종류는 만두나 계란노른자를 곁들인 콘소메와 소고기나 닭고기 브로스를 이용하여 야채, 쌀, 파스타 등과 함께 만든 걸쭉한 수프가 있다. 생선수프를 제외한 모든 수프에는 파메산 치즈를 뿌려 먹는다.

Zuppa di Pesce alla Genovese, Minestra al Pesto, Paparot, Zuppa di Porri e Fughi, Minestrone all Italiana

6) 생선(pesce)

이태리는 삼면이 바다로 되어 있어서 해산물이 풍부하다. 가장 대중적인 요리는 Baccala와 여러 생선수프들이 있고, 장어도 전국적으로 많이 조리하여 먹으며 여러 가지 조리방법들도 있다.

Fileetti di Triglie Croccanti alla Novella(Fillet of Snapper), Spiedini di Gamberoni alla Griglia(Grilled Prawns on Skewer), Triglie al Prosciutto(Red Mullet with Ham)

7) 육류(carne)

이태리에서는 고기를 Carne라고 하며 소고기는 Manzo 또는 Bue, 송아지고기는 Vittello, 양고기는 Agnello 또는 Montone, 그리고 가금류는 Pallame라고 한다.

Scalloppine de Vitello al Limone(Veal), Oilvette de Vitello Marco Polo(Veal), Filetto di Manzo Toscanini(Beef Tenderloin Steak), Costata di Bue Con Burro e Gorgonzola (Beef Sirloin Steak), Braciolette di Agnello al Pesto(Lamb Chop), Petti di Pello alla Duchessa(Chiken Breast)

8) 야채(vegetale)

야채는 메인코스에 수반되어 제공되거나 전채와 수프와 함께 제공되기도 하는 요리이다. Deep fried frittors, 치즈와 함께 베이크 하거나, 양념소스와 함께 베이크로 만들어져 제공된다. 가장 대표적인 야채는 샐러드에 이용되는 래디치오(radicchio)이며, White Truffle 도 유명하다.

Cipolline Novelle Alla Escoffier(Spring Onions Escoffier), Zucchini Alla Paesana(Country-style Zucchini), Asparagi Alla Mianese(Asparagus w/egg and Cheese), Melanzane Al Pomodori(Egg Plants w/Tomatoes), Rusticana Alla Piacentina (Country-Style Pepper and Tomatoes)

9) 디저트(dolci)

Zabaglione al Marsala(Italian Sabayon w/Ghampagne), Zuppa Inglese, Crostatine di Frutta Fresca, Semifreddo All Arancia e Biscottni

10) 커피(caffe)

Cappucino, Cafe Napoliano, Espresso Classico All Italiana

4. 중식 메뉴해설

예로부터 자연에서 나는 것은 무엇이든 요리를 해서 먹었던 중국인들은 다리가 네 개 달린 것은 책상을 빼고 다 먹고, 다리가 두 개 달린 것은 사람 빼고 다 먹고, 날아다니는 것은 비행기만 빼고, 물속에 들어 있는 것은 잠수함만 빼고 다 먹는다는 이야기가 있을 만큼 다양한 재료로 요리를 하였다.

동서남북으로 상이한 기후 풍토와 생산물을 가진 중국은 각 지방에 따라 특징 있는 요리가 발달되어 왔다. 즉 북경요리, 남경요리, 광동요리, 사천요리 등이 있다.

중국요리가 미적 만족에 그 초점을 두고 오미의 배합이 발달되어 조화를 이루어 백미형이라고 했으며, 농후한 요리, 담백한 요리 각각 복잡한 미묘한 맛을 지니고 있다.

동식물 유지를 잘 활용하여 식단에 있어서도 농담의 배합이 잘되어 있고, 식재료를 다양하게 고루 사용하고 있어서 맛뿐만 아니라 영양상으로도 이상적이다. 또 높은 온도에 단시간 처리하는 것이 많은데, 이러한 방법은 재료의 특성을 살리면서 동시에 영양소의 손실을 적게 하고 있다. 요리를 담는 방법도 한 그릇에 수북이 담아서 풍성한 여유를 느끼게 한다.

1) 치엔차이(전채, 前菜)

치엔차이는 메뉴 중 제일 먼저 나가는 음식이다.

치엔차이로 내는 요리의 수는 가장 간략한 경우가 2종류이고, 보통 4종류, 메뉴에 따라서는 6종류, 8종류인 것도 있다. 치엔차이의

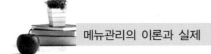

양은 위에 부담이 없을 정도로 양을 적게 한다. 그 가짓수가 많을 때는 한 종류의 양을 더욱 적게 해서 다음에 나오는 주요 요리인 다채(多彩)를 맛있게 먹을 수 있도록 해야 한다.

치엔차이의 종류는 다음과 같다.

(1) 엉차이(냉채, 冷菜)

냉채를 엉후언, 량차이 또는 렁펀이라고도 하며 차가운 요리이다. 한 접시에 한 종류만 담은 것을 단반, 한 접시에 두 종류를 담은 것을 스왕판, 그리고 큰 접시에 여러 종류를 담은 것을 뼁판이라 한다.

(2) 러차이(온채, 熱菜)

이것은 러펀이라고도 한다. 고급의 경우에 냉채 다음에 나오며 그릇은 냉채보다는 크고 대차이보다는 조금 작다.

2) 탕차이(탕채, 蕩菜)

탕차이는 한국요리의 국, 서양요리의 수프에 해당한다.

(1) 칭탕(맑은 국, 淸湯)
서양요리에 있어서 콘소메와 같은 것이다.

(2) 녹말을 이용한 국
국물에 녹말을 풀어 걸쭉하게 끓인 국으로 녹말의 농도가 짙을 수록 잘 식지 않으므로 기온에 따라 농도를 다르게 한다.
① 후에이탕 – 소금과 간장으로 조미하고 칭탕보다 맛이 농후하다.
② 껑탕 – 후에이탕보다 녹말을 짙게 풀어서 걸쭉하게 만든 것으로 주로 소금으로 조미한다.

(3) 불투명한 국
① 나이탕(내탕, 奶湯) : 청탕을 그대로 전용하기도 하나, 국물이 농후하므로 재료도 농후한 것을 쓰며 조미도 조금 짙게 한다.

② 나이요우탕(내유탕, 奶油蕩) : 나이탕에 우유를 넣어서 국물을 흰 색깔이 되게 함과 동시에 우유의 향기를 곁들인 것이다.

③ 꿔쯔 : 냄비요리로 여러 가지 재료에다 잠길 정도의 국물을 붓고 끓이면서 먹는 것이다. 보통 마지막 코스에 나간다.

3) 차오차이

차오차이는 재료를 기름으로 볶아서 소량의 탕과 조미료를 넣어 조리는 것으로 탕에 녹말을 넣어서 농도를 맞춘다. 야채볶음(차오또우야차이), 닭고기와 야채볶음(차오지쓰), 그리고 돈육과 야채조림이 있다.

(1) 칭차오

재료를 같은 모양, 같은 크기로 썰어서 소량의 기름으로 볶은 다음 조미료와 탕을 넣어 끓여 마지막에 녹말로 농도를 맞춘다.

(2) 간차오

주가 되는 재료를 소금, 후춧가루, 술과 간장으로 조미하여 소량의 녹말을 물에 푼 것을 씌워서 기름을 넉넉히 가열하여 빨리 튀겨낸다. 다음에 곁들인 야채류를 소량의 기름으로 볶아서 조미하고 주재료가 큰 것이면 야채와 함께 볶은 후에 녹말로 농도를 맞춘다.

(3) 징차오

재료에 조미를 하여 난백을 섞고 거기에 녹말을 넣어 손가락으로 비비듯이 하면서 혼합하여, 기름 속에 하나하나 떨어지게 집어넣어 색깔이 희고 깨끗하게 튀겨낸다. 튀겨낸 것을 다시 볶은 것이다. 이때에 조미는 색깔이 깨끗하도록 하기 위해 간장을 사용하지 않고 소금을 주로 친다.

4) 지엔차이

지엔차이는 기름에 볶거나 지진 물기 없는 요리를 말한다. 팬에 소량의 기름을 두르고 6부 정도 뜨거워졌을 때에 음식들을 넣고 약한 불로 천천히 익힌다.

(1) 볶음요리

재료를 같은 모양으로 썰어, 센 불에서 소량의 기름으로 볶아 조미한 요리이다.

(2) 지짐요리

서양요리의 소테(saute)와 같다.

(3) 광택이 나게 구운요리

재료를 기름으로 양면을 지져서 조미료와 극소량의 설탕을 넣어 센불에 조려서 윤기가 나게 한 것이다.

5) 짜차이(작채, 炸菜)

짜차이도 튀김요리로 기름을 많이 사용한다는 점에서 차오차이나 지엔차이와 같이 중국의 대표적 요리이다.

(1) 칭짜(淸炸)

녹말을 씌우지 않고, 재료 그대로 튀기는 것이다. 재료 특유의 향이 나는 것 또는 고기완자, 생선완자와 같은 것도 모양을 그대로 나타내고 싶을 때 이용한다.

(2) 깐짜

조미한 재료에 녹말을 묻혀서 튀기는 방법이다. 녹말을 따로 만들어 적시지 않고 마른 녹말가루를 그대로 재료에 묻히기 때문에 녹말이 남거나 모자라는 일이 없어서 간편하고 편리하다.

(3) 가오리(高麗)

거품을 이룬 난백에 가루를 섞은 것을 씌워서 튀긴 것이다. 본래 난백 거품에 쌀가루를 혼합했다. 그러나 최근에는 밀가루, 갈분 또는 밀가루의 갈분을 혼합하여 쓰고 있다.

6) 쩡차이(蒸菜)

쩡차이는 독특한 찜 그릇인 쩡롱의 증기열을 이용하는 방법이다. 찜만 하는 요리도 있지만, 일단 쪄서 다시 다른 방법으로 사용하거나 다른 방법으로 익힌 것을 찌기도 한다. 도미찜(칭쩡띠아오위), 통닭찜(시후췐지) 그리고 금은두부(진인또우후)가 있다.

(1) 쩡

칭쩡(淸蒸)이라 하며 재료를 그대로 찐 것으로 대표적인 것은 만두가 있다.

(2) 뚜언

재료에다 잠길 정도의 물을 부어서 찐 것으로, 장시간 조리하기 때문에 간이 잘 배게 하면서 연해지게 찔 수 있다.

7) 리오우차이

리오우차이는 튀김요리, 삶은 요리나 찜요리에 농도 있는 국물을 끼얹은 요리이다.

(1) 탕추 또는 추리오우

간장, 설탕과 초가 들어 있는 리오우로 초가 들어있다. 토대가 되는 요리는 간장으로 간을 하여 튀기거나 굽거나 한 것이 많아 리오우에는 탕을 쓰지 않고 물을 사용한다. 초가 들어가기 때문에 파란 채소가 변색되지 않도록 하기 위하여 나중에 넣는다.

(2) 치앙쯔

간장으로 조미한 리오우로서 약간의 설탕을 첨가한다. 간장과 설탕으로 조미한 것을 후아리오우라 한다.

(3) 뽀오리 또는 쇄이징

투명한 리오우로 소금을 쓰고 간장은 사용하지 않으며, 탕도 맑은 것을 이용한다.

8) 웨이차이

웨이는 본래 은근한 불에 굽는다는 뜻이다. 재료를 일단 기름에 조리하거나 찌거나 해서 여분의 수분을 제거하고, 그 재료가 가진 맛을 살린 다음에 끓이기 때문에 중국요리의 독특한 맛을 낸다.

(1) 홍사오와 황먼

홍사오의 홍은 색깔을 나타내고, 소는 익히는 방법을 말하는 것이다. 간장을 넣어 끓인 것뿐만 아니라 튀기거나 볶아도 된다. 홍사오라고 하는 것은 황먼보다 간장의 색깔이 옅고 끓이는 시간도 짧다.

(2) 바이웨이

소금으로 조미하여 흰 색깔이 되도록 끓인 것을 말한다. 국물을 깨끗하게 하게 위하여 재료를 일단 쪄서 끓이는 경우가 많다.

9) 카오차이

카오차이는 돼지새끼, 오리나 닭을 통째로 화통 속에 매달아 놓고 약한 불로 익히는 것을 말한다.

(1) 차사오로우

화통 속에서 통째로 굽게 되는데, 지방분이 불에 떨어져서 향기로운 연기를 내어 훈제상태가 되므로 독특한 향기가 난다.

(2) 칭기스칸구이(카오양로우)

뜨거운 냄비에 야채를 놓고 위에 자른 고기를 얹어서 굽는다.

10) 디엔신(點心)

중국요리는 차이(菜)와 디엔신(點心)으로 크게 나뉜다. 차이는 찬 또는 술안주, 디엔신은 가벼운 식사대용이 될 수 있다. 디엔신의 어원은 본래 중국에서 1일 2식이었으므로, 그 사이에 가벼운 간식이 필요한 것에서 유래되었다. 구와쯔, 과자, 그리고 음료까지를 말한다.

(1) 이스트를 사용한 만두(만토우)

체에 친 밀가루에 이스트, 설탕, 우유와 물을 넣고 반죽하여 만든다.

(2) 베이킹파우더를 사용한 만두

밀가루에 베이킹파우더를 혼합하여 만두피를 만든다.

11) 차(茶)

(1) 홍차

대표적인 발효차이다.

(2) 녹차

발효시키지 않은 찻잎을 이용한 것으로 중국과 인도에서 처음으로 생산하여 사용되었다.

(3) 우롱차

홍차의 중간적인 제조방법으로 만드는 반 발효차로 원래는 중국에서 만들어졌으나 1890년경부터 타이완에서 생산되었다.

(4) 쯔완차

중앙아시아인은 쯔완차에 밀크나 소금 또는 버터를 넣고 약한 불에서 끓인 후에 야채처럼 먹기도 하며 티베트인은 쯔완차로 차를 끓인 후에 버터를 녹여서 마신다.

5. 일식 메뉴해설

1) 일본요리의 특징

"일본요리는 눈으로 먹는 요리이다." 이러한 말이 생긴 것은 일본요리가 시각적인 아름다움을 중요시하고 있다는 이유 때문일 것이다. 그러면 일본요리는 보기에는 좋아도 맛은 없다는 뜻인가 하고 반문할 수도 있겠으나 결코 그런 것은 아니다. 오히려 자연으로부터 얻은 식품 고유의 맛과 멋을 최대한 살릴 수 있는 조리방법을 택하고 있기 때문이다. 예를 들면 생선회, 초밥, 구이요리, 냄비요리 등이 그러하다. 그러나 요즈음 일본요리에도 다분히 복합적인 맛을 추구하는 경향이 있다. 이러한 경향은 현대사회의 환경적 변화에 따른 사람들의 기호가 변화하기 때문이라 하겠다. 일본요리의 제 특징을 살펴볼 것 같으면, 어패류를 이용한 요리가 발달하였으며 신선도와 위생을 제일 중요시한다. 또한 요리를 담을 때 기물과 공간 및 색상의 조화를 예술적 차원으로 승화시켰다. 비교적 요리의 양이 적으며 섬세하고 계절감이 뚜렷하다.

일본요리의 폭넓은 이해와 꾸준한 발전을 위해서는 꽃꽂이, 조각, 그림 등 눈으로 보고 아름다움을 느낄 수 있는 예술분야에 대해서 꾸준한 관심을 가져야 하며 나아가 일본 문화의 이해를 위한 오력이 필요하다. 왜냐하면 요리는 그 문화의 한 부분이기 때문이다.

2) 일본요리의 분류

(1) 본선요리(本膳料理)

관혼상제의 경우에 정식으로 차리는 의식요리로서 식단의 기본은 일즙삼채, 이즙오채, 삼즙칠채 등이 있으나 일즙오채, 이즙칠채, 삼즙구채, 삼즙십일채 등으로 수정된 것도 있다. 또 선의 수도 여러 가지 있으며 본선, 이선, 삼선, 여선, 오선 등으로 되어 있다. 이때 선의 수는 식단의 즙과 채의 수에 따라 결정된다. 본선요리의 각 상에 오르는 요리는 다음과 같다.

(2) 회석요리

회석에서 차리는 회석요리를 말한다. 회석요리는 에도시대에 배해 좌석의 식사로 발달된 것으로 회석요리를 기본으로 해서 구성되어 가장 간단한 것은 삼채정도부터 시작하여 오채가 되면 즙물은 이즙이 되며 칠채, 구채, 십일채 등의 기수로 증가된다. 밥은 채의 가짓수에 포함되지 않으며 회석요리의 식단은 다양하나 대략 다음과 같다.

(3) 다회석요리

다회석요리는 희석요리라고도 하며 다석을 위한 요리였다. 희석은 불교의 일파인 선종에서 기인된 말이다. 즉 선승이 수업중의 좌선시에 공복감을 잊기 위해서 돌을 뜨겁게 하여 헝겊에 싸서 회중에 넣었다고 한다. 즉 빈속에 차를 마시면 쓰리고 아프기 때문에 간단한 요리를 미리 조금 먹은 후에 차를 마셨다고 하여 회석요리라고 불리게 된 듯하다. 따라서 다회석요리는 검소하고 버리지 않은 식물성 요리였으나 시대가 흐름에 따라 생선도 이용되는 호화스러운 요리로 변하였다. 다회석요리는 일즙삼채가 보통이며 밥, 국, 회 종류, 조림, 구이 등으로 구성된다. 그러나 약식으로 일즙이채, 일즙일채도 있으며 일즙이채인 경우에는 구이가 생략된다. 다회석요리는 양보다 질을 중요시하며 재료 자체의 자연의 모습을 최대한 살리는 것이 특징이다.

(4) 정진요리

정진요리는 다도가 보급되는 전후에 서민에게 전달되었다. 불교 전래 시 중국의 불교승이 일본에 귀화하는 일이 많아져 대두를 활용하는 청국장, 두부튀김 등 비린 냄새가 나는 생선 또는 수조육을 전혀 사용하지 않는 불교승의 독특한 요리인 정진요리가 보급되었다. 정진요리의 뜻은 유정을 피하고 무정인 채소류, 곡류, 두류, 해초류만으로 조리한 것으로, 미식을 피하는 조식을 의미한다. 선종에서는 육식을 금하는 것을 원칙으로 하며 식단은 본석요리의 형식으로서 일즙삼채, 일즙오채, 이즙오채, 삼즙칭채 등의 기본에 따라 구성된다. 주로 사원에서 발달되었으며 이의 중심지는 교토이다. 정진국, 정진튀김이라는 용어는 식물성 재료만으로 만들어진 국 또는 튀김이라는 뜻으로 이용되고 있다.

(5) 보채요리

보채요리는 별명 오오바쿠 요리라고도 하며 황벽산 만복사의 법주였던 중이 중국에서 찾아오는 선종승들을 대접할 때 정진요리를 중국식으로 조리하였던 것으로써 음식명에도 중국식 명칭이 아직도 잔존하고 있다.

6. 메뉴 용어해설

메뉴의 철자규칙은 아래와 같은 규칙에 따라야만 한다. 국제 메뉴 용어에서는 명사의 첫 글자의 추상명사는 대문자로 써야 하는데 그것은 어떠한 경우에도 변하지 않는다.

(1) 프랑스 메뉴에서는 줄의 첫 문자를 제외하고는 모든 단어는 소문자로 쓴다. 단 고유명사, 추상명사, 지역이름은 명사로 사

용될 때 대문자로 쓴다.

(2) 러시아 메뉴에서 고유명사의 철자에서 보편적으로 'ov'나 'of' 로 끝나는 어미의 단어는 'off'로 끝낸다.

(3) 영어 메뉴에서는 고유명사나 지역명칭을 제외하고는 모든 것을 소문자로 쓴다.

(4) 고유명사에서 파생된 모든 형용사들은 대문자로 쓴다.

(5) 모든 용어에 적용되는 규칙은 다음과 같다.

① 국적

메뉴명은 관련된 나라의 언어로 쓰는 것이 원칙이지만, 근래에 들어서는 세계 공통 언어인 영어를 주로 사용한다.

② 메뉴의 표기

메뉴의 배치와 철자는 오류가 없어야 하며, 단어는 대칭적으로 써야 되고 새로운 줄은 왼편의 빈칸에서부터 시작한다.

③ 새로운 줄

일반적으로 새로운 줄의 첫 글자는 대문자를 사용하지만 메뉴명이 길어서 다음 줄까지 사용할 때에는 예외이다.

④ 메뉴 단위 표기

메뉴는 고객 1인을 기준으로 하여 작성 표기한다.

⑤ 각각의 코스는 분리

각각의 코스는 줄이나 칸을 명확하게 분리시킨다.

⑥ 축약

메뉴의 본문에서는 축약 표기를 해서는 안 된다.

⑦ 고유명사

전통적인 요리이름인 고유명사는 해석하지 않도록 하고 설명에 사용하는 'a la'나 'style'의 형태로도 사용하지 않는다.

⑧ 이중서술

음식의 설명이 윗부분에서 설명이 되어 있다면 그것을 다시 반복 묘사할 필요는 없다.

Chapter 10

메뉴 식재료 관리

제1절   식재료 관리의 개요

1. 식재료 관리의 정의 및 목적

식재료 관리를 한마디로 정의하면 영업활동에 필요한 식재료를 효율적으로 관리하기 위한 과학적인 관리기술이라 할 수 있으며, 식재료 관리는 영업활동에 필요한 품목을 명확히 파악하는 때부터 시작된다. 효율적인 관리란 합리적 능률적인 관리로서 식재료의 분류, 소요량 산정, 구매, 검수, 출고에 이르는 전 과정을 합리적이며 능률적으로 수행하는 것이다.

식재료 관리의 목적은 메뉴에 따라 적정한 조건의 식품을 구입, 보관하고 이를 사용하기 위한 방법을 시스템화하여 메뉴관리를 원활히 하고자 하는 것이 식재료 관리의 목적이다. 외식산업에서 식재료 관리는 상품이 구입되는 과정에서 판매될 때까지 그동안에 수행되는 여러 가지 활동과 수많은 사람들의 영향을 받는다는 사실이다. 기초적인 영역 내에서 수행된다면 그 뒤의 식품가공의 여러 단계에서 원가를 효율적으로 관리하기 위한 토대를 마련할 수 있을 것이다.

식재료의 구입과 저장, 그리고 출고하여 조리 전의 단계까지 식재료 관리를 어떻게 하느냐에 따라 외식업 레스토랑 경영관리에 있어 원가절감과 이익창출이 달라질 수 있다. 효율적이고 체계적인 관리

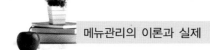

는 고객에게 최상의 요리를 제공하고, 레스토랑은 원가절감을 통하
여 이윤을 창출할 수 있다.

2. 식재료 관리의 효과

1) 손실을 방지하여 목표 이익을 달성할 수 있다.

2) 종업원들의 원가 의식을 고취한다.

3) 영업실적에 종업원들의 관심이 높아진다.

4) 실제 원가계산이 정확해지므로 손실을 줄인다.

5) 재고관리에 관심을 갖게 되고 재고관리 능력이 향상된다.

6) 정확한 검수가 이루어진다.

7) 메뉴의 ABC 분석이 가능하여 고객이 선호하는 메뉴개발이 용
   이해진다.

8) 목표달성을 위한 종업원들의 협동, 노동능률이 향상된다.

제2절 　 식재료 원가관리

1. 식재료 원가관리의 개요

식재료 원가관리는 식재료의 주문구매, 검수, 저장, 출고, 조리 판
매 등과 관련된 모든 업무를 의미한다. 식재료 원가관리의 업무를
한마디로 말한다면 '모든 사람들이 식재료 원가를 올바로 인식하고
예정한 대로 업무를 진행하는 수단'이라고 할 수 있다.

식재료 원가관리의 구체적인 과정은 매력적인 요리내용을 상세하
게 검토 계획해서 그 요리에 필요한 식재료를 선택 필요량과 적정한
가격으로 구입, 낭비 없이 조리하여 판매하는 과정을 관리(control)
하는 것이다.

식재료 관리의 실시는 조리사, 서비스접객원, 구매담당자 모두가 원가에 대한 인식을 중요시 하고 상호협력해서 식재료의 낭비방지를 회사 전체적으로 인식하고 목표를 향해 전진해야 되며, 식재료 원가관리(cost control)는 기업경영의 목적이라고 할 수 있는 이익의 극대화에 지대한 영향을 미치기 때문에 경영관리 측면에서 접근하여야 한다. 따라서 외식영역에 있어서 식재료의 효율적인 사용관리는 영업이익을 창출하는데 대단히 중요한 과제라 할 수 있다.

2. 식재료 원가의 분류

원가는 그 사용목적에 따라 여러 가지 유형으로 분류될 수 있으며 이를 측정하는 방법 또한 다양하다.

1) 제조원가(manufacturing cost)

하나의 음식을 생산하기 위해서는 원식재료와 원식재료를 가공하기 위한 노동력 및 생산설비 등이 필요하다. 제조원가란 이와 같은 제품을 생산하는 과정에서 소요되는 모든 원가를 의미하는데, 직접재료비, 직접노무비, 제조간접비로 분류된다. 그리고 제조원가 중 직접재료비와 직접노무비는 특성제품과 직접적인 관련성이 있기 때문에 직접비 또는 기본원가(prime cost)라고 한다. 그리고 직접노무비와 제조간접비를 합하여 가공비(conversion costs)라고 하는데, 이는 원재료를 완제품으로 전환하는데 소요되는 원가를 위미한다.

2) 비 제조원가(non manufacturing cost)

기업의 제조활동과 직접적인 관련이 없이 단지 판매활동 및 일반관리활동과 관련하여 발생하는 원가로서 보통 판매비와 일반관리비라는 두 항목으로 구성되어 있다.

3) 직접원가(direct costs)

주어진 원가대상에 대하여 '경제적으로 실행 가능한' 방법으로 특별히 식별되거나 추적이 가능한 원가이다.

4) 간접원가(indirect costs)

주어진 원가대상에 대하여 '경제적으로 실행 가능한 방법'으로 특별히 식별될 수 없거나 추적이 용이하지 않은 원가이다.

5) 변동원가(variable costs)

원가요인에 직접적으로 비례하여 총액이 변하는 원가이다.

6) 고정원가(fixed costs)

원가요인이 변한다 할지라도 총액이 변하지 않는 원가이다.

7) 총 원가(total costs)

변동원가와 고정원가를 합계한 원가이다.

8) 단위원가(unit costs)

총원가를 어떤 기준(예를 들어, 생산수량으로)으로 나누어 계산한 원가로서 평균원가라고도 한다.

3. 식재료 원가의 형태(form of food cost)

원가형태란 제품의 생산량이나 판매량 또는 작업시간 등의 조업도 수준이 변화함에 따라 원가발생액이 일정한 양상으로 변화할 때 그 변화하는 형태를 말한다.

이와 같은 원가의 형태를 파악하여야만 예상조업도에서 발생할 것으로, 예상되는 미래의 원가를 추정할 수 있고 과거의 성과를 평가하기 위한 원가목표치를 계산할 수 있다.

원가를 형태에 따라서 구분하면 크게 변동비와 고정비로 구분할수 있으며 좀더 세분하면 변동비와 고정비 외에 준 변동비와 준 고정비로 구분할 수 있다.

1) 변동비(variable costs)

변동비는 조업도의 변동에 따라 원가총액이 비례적으로 변화하는원가를 말한다. 예를 들어 직접재료비, 직접노무비 및 매출액의 일정비율로 지급되는 판매수수료 등을 알 수 있다.

2) 고정비(fixed costs)

고정비란 조업도의 변동과 관계없이 원가총액이 변동하지 않고 일정하게 발생하는 원가를 말한다. 예를 들어 공장건물이나 기계장치에 대한 감가상각비, 보험료, 재산세, 임차료 등을 들 수 있다.

3) 준 변동비(semi-variable costs)

준 변동비란, 변동비와 고정비의 두 요소를 모두 가지고 있는 원가를 말한다. 그렇기 때문에 혼합원가(mixed costs)라고도 한다.

준 변동비의 예로는 전기료, 수도료, 수선유지비 등을 들 수 있다. 예를 들어 전기료의 일부는 기본요금이지마나 전력사용량(조업도)을 증가시키면 전기료도 증가하게 된다. 또한 수선유지비 중의 일부는 기계설비의 성능이 저하되는 것을 방지하기 위하여 기본적으로 발생하게 되지만 조업수준이 증가함에 따라 변동비 부분은 비례적으로 증가하게 된다.

4) 준 고정비(semi-fixed costs)

준 고정비란 일정한 범위의 조업도 내에서는 일정한 금액이 발생하지만 그 범위를 벗어나면 원가발생액이 달라지는 원가를 말한다. 준 고정비의 원가형태는 계단식으로 표시되므로 계단원가(step costs)라 고도 한다. 준 고정비는 생산투입요소가 부분 활성을 갖기 때문에 발생 하게 된다.

4. 식재료의 원가관리시스템

외식업소 경영에서 가장 지속적이고 체계적인 시스템을 개발하여 적용해야 하는 경우가 바로 식음료 원가관리시스템이다.

기초적인 원가에 대한 관리시스템은 계획과정, 비교과정, 수정과정, 개 선과정의 단계를 끊임없이 순환시킬 수 있는 관리시스템이 되어야 한다.

주방에서 사용, 소비되는 식재료는 구입으로부터 저장 및 조리하 여 판매에 이르기까지 원가소비 점유율이 상당히 많이 발생한다. 그 러기 때문에 4단계의 관리시스템의 원가관리 기능이 계속적으로 활 동과정을 거쳐야만 효과적으로 원가절감을 할 수 있다.

5. 식재료 원가관리방법

주방에서 만들어지는 모든 음식에 대한 원가관리방법은 식재료를 이용한 판매수익과 원가를 각 대료에 따라 부문별로 원가요소를 계 산하고 부문별로 원가분석을 하여 관리하는 것이다.

음식의 원가관리는 단위생산원가를 계산할 수 있도록 되어 있어 특정품목의 판매일지라도 재료비는 그 재료의 양을 결정할 수 있게 하여주는 것이다.

실질적으로 각각의 음식에 소비된 식재료를 세부항목별로 구분하 여 원가를 관리하기란 그리 쉬운 일은 아니다. 그러나 이 방법이 원 가관리의 기초적인 정보자료이기 때문에 효과적으로 원가를 절감할 수 있어 널리 이용하고 있다.

1) 양 목표(standard recipe)에 의한 원가관리

음식에 대한 단위별, 품목별 가격과 수량이 정확하게 명시되어 있는 명세서는 원가분석의 기초자료가 되며 판매가격을 결정할 수 있는 유일한 원가자료가 된다.

소량의 1인분에 대한 원가계산은 많은 양의 재료를 가지고 만들 때의 원가를 계산하여 상품 개수로 나누면 1개 혹은 1인분의 재료비 원가를 산출할 수 있다.

예를 들어, 어떤 Steak를 만들어 원가계산을 한다고 할 때, 고기와 채소의 기준량을 정하여 단가를 곱하여 주고 그 외의 재료들은 단위당 개별원가를 산정하여 재료 원가를 산출하는 것이다.

이와 같이 양 목표에 의해 원가관리를 하는 것은 조리사들의 조리업무를 합리적으로 수행할 수 있게 하고 재료소모량을 계산할 수 있는 이점이 있다.

2) 표준원가에 의한 관리

표준원가 관리란 미리 표준이 되는 원가를 과학적, 통계적인 방법으로 정하여 놓은 표준원가(standard costs)와 실제원가(actual costs)와의 차이를 분석하기 위하여 실시하는 원가관리 방법이다.

표준원가를 설정할 때에는 원가요소별로 직접재료비, 직접노무비, 제조 간접비 등으로 구분하여야 하며, 표준원가관리를 해야 하는 필요성은 다음과 같다.

(1) 식재료의 원가절감

(2) 식재료 품목별 표준원가의 공정한 계산

(3) 메뉴 및 표준원가 카드 작성

(4) 원가에 대한 판매분석이 용이

(5) 변동원가에 대한 계산이 용이

(6) 노무비의 합리적인 계산

(7) 원가보고서 작성

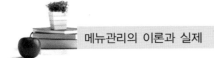

(8) 경영성과 분석에 의한 적정한 이익관리

3) 비율에 의한 원가관리

식재료의 총 매출원가를 매출액으로 나누어서 계산되는 식재료의
원가율을 기초로 한다.

식재료의 원가가 매출의 일정 범위 내에 있도록 관리하려는 통계
적 개념 하에서 성립된 것이다. 이 방법은 메뉴의 가격이나 원가변
동에 관계없이 비교가 가능하며, 적정 식재료 원가여부를 밝히는 데
매우 효과적이다.

> 식재료 원가=기초재고+당기매입−기말 재고
> 식재료 원가율= 식재료 원가/총 매출액×100

제3절　식재료 구매관리

1. 식재료 구매관리의 개요

식음료의 구매, 검수, 저장 및 출고에 관련된 업무활동은 식음료
원가의 흐름에서 제일 첫 단계라 할 수 있다.

식음료 관리활동에서 이루어지는 구매관리는 원가관리를 위한 기
초적인 관리단계로 구매는 조리와 관련된 제반물품을 공급하는 제
행위로써 적절한 시기, 장소, 경제적인 가격, 적정량, 요구되는 식재
료의 질 모두를 충족시켜야 한다. 특히 구매관리 활동은 적정한 물
품을 구매하는 것만이 아니라, 식음료사업을 계획, 통제, 관리하는
경영활동으로 인식되어야 한다. 즉 경영주체가 업장의 기능유지를
위해 필요한 시기에 최소한의 비용으로 최적의 상품을 구입하는 경
영활동이다.

식재료의 구매는 계절의 변화, 물가의 변동 등의 경제적 요인이 작용하게 됨으로 식재료의 구매 및 선정에 있어서 더욱더 세심한 주위가 필요하다. 특히 구매담당자는 복잡한 유통기구에 관한 지식, 식품의 감별법, 식재료의 구매 시 선택 등이 중요시되어야 하며, 그 식품이 가지고 있는 특성과 영양성분, 보존기간 및 식재료의 합리적이고 효율적인 구매관리를 위해서는 정기적이고 치밀한 시장조사와 구매 품목에 대한 특성을 고려하여 구매절차를 거쳐야 한다.

2. 구매관리과정(cycle of purchasing)

구매과정은 메뉴 계획(Menu Planning)을 하는 단계에서부터 잠재구매력이 발생하고 동시에 구매에 대한 필요성을 인식하게 된다. 식재료의 구매는 정기적이고 치밀한 시장조사를 통하여 용도에 적합한 식자재를 합리적인 가격에 구매하고 납품시기와 품질에 유의해야 한다. 또한 합리적이고 효율적인 식재료를 구매하기 위해서는 품목에 대한 품질, 규격, 무게, 수량, 기타 질적 특성을 간략하게 기술한 표준구매명세표(standard purchase specification)를 작성해야 한다. 그리고 각 식재료의 유효기간, 포장상태 등 보존 특성을 파악하여 저장기간과 구매시점을 적절히 관리하고 특히 수량 및 규격과 품질 미달 식재료의 수정납품 또는 반품처리 등의 방안을 강구해야 한다. 이러한 식재료의 구매관리과정을 살펴보면 다음과 같다.

1) 식재료 구매관리과정

(1) 재고량의 파악

주방에서는 필요한 만큼의 각 품목별 식재료의 적정재고량은 항상 유지되어야 한다. 그러기 때문에 구매담당자는 신속하고 정확한 재고량을 파악하여 구매의뢰에 영향을 주어야 한다.

과소한 재고량의 경우에는 특정음식을 제공하지 못하여 서비스의 질이 떨어지며, 반대로 과잉재고량의 경우에는 불필요한 원가비용의 발생요인이 된다.

(2) 구매량 결정

구매량을 결정하는 것은 수익에 커다란 영향을 미치는 중요한 결정수단이다. 구매담당자는 업장의 주방이나 레스토랑에서 사용한 식재료의 품목과 수량 등을 파악하여 식재료 제공자에게 의뢰하는 과정이다. 이때에는 구매 청구서를 작성하여 특정품목이나 총괄적인 물품소요량에 대해 서류로서 작성을 해야 한다.

(3) 품질기준 설정

구매담당자는 필요한 구매품목과 양이 결정되면 각각의 구매품목에 대한 품질을 설정하여 납품업자를 선정해야 한다.

(4) 납품업자 선정

적정한 기준에 의해 구매할 식음료 품목이 선정되었을지라도 지속적이고 품질을 믿을만한 납품업자와 업체를 선정하는 것은 결코 쉬운 일이 아니다.

거래를 위해 작성한 견적서의 내용과 실제 납품되는 내용과의 일치여부를 확인하는 작업이 필수적이다.

(5) 구매가격 결정

구매하는 물품의 품목별 가격을 결정하는 단계로서, 생산성과 수익성을 고려하여야 한다. 최소의 비용으로 최고의 상품을 구매하려고 하는 것이 구매담당자가 기본적으로 취해야 할 구매업무의 목적이다.

(6) 결재조건과 납품시기 결정

구매담당자와 납품업자와 상호협상의 결과에 따라 결재조건과 시기를 결정하는 단계이다. 이러한 것들은 계약서의 내용에 구체적으로 포함되어 납품업자의 납품이 완료되더라도 계약서 내용과 일치여부를 확인하는 자료가 되어야 한다.

(7) 송장의 점검

구매담당자는 구체적이고 세부적으로 기록된 구매의 내용과 송장의 기록내용을 비교하여 물품의 내역과 가격결정에 따라 일치여부를 확인하여 물품을 받는 단계이다.

(8) 검수작업

구매주문서에 의해 현물을 확인하고 대조하여 주문내용에서 발견할 수 있는 반품의 처리방법을 해결하는 과정이다.

(9) 기록 및 기장관리

주문서사본, 구매청구서, 물품인수낭부, 검사 또는 반품에 대한 보고기록서를 작성하여 비치하고 보관하여야 한다.

2) 식재료 구매방법

(1) 공개시장 구입(open marketing buying)

재료를 저렴한 가격으로 구매한다는 것은 기업의 이익을 그만큼 증대시키는 것이다. 원칙적으로 일반 경쟁계약에 의하여 구매하는 것이 가장 합리적이라 할 수 있다. 이를 위하여 1명 이상의 상인으로부터 받은 견적서를 가지고 품질과 서비스가 철저하고 가장 낮은 가격을 제시한 사람에게 주문한다. 공개시장 구입은 보통 전화구매방식(Call sheet)으로 구매명세서를 보고 필요한 것을 구매자는 납품업자에게 전화를 해서 필요한 양만큼의 신청을 한다. 또한 외판원과 직접 접촉하거나 혹은 시장을 방문해서 직접구매(Standing orders) 방식을 취할 수도 있다.

(2) 비밀입찰 구매(sealed bid buying)

정부기관이나 어떤 공공기관은 비밀입찰에 의하여 구매하도록 되어 있는 곳이 많다. 필요한 상품의 목록을 입찰신청서와 함께 업자들에게 보내면 업자들은 거기에 가격을 기입하여 봉함우편으로 다시 우송하면 최저 입찰자에게 낙찰된다.

(3) 계약 구매(contact buying)

매일 혹은 1주일에 몇 번씩 배달하여야 할 식료품은 보통 특정한 기간을 정하지 않고 공식적인 혹은 언약에 의한 계약에 따라 구매한다. 능력 있는 업자를 계약체결 또는 출입업자로 선정한다면 제품의 품질은 보장될 수 있다. 따라서 계약체결에 있어 업자선정은 대단히 중요하다.

(4) 예매 구매(future buying)

대규모 업체에서는 주문할 당시의 고정된 가격으로 미래에 납품될 상품의 구입을 계약한다. 납품을 약속된 기일 내에 이행하느냐 못하느냐 하는 것은 물자의 재고 간에 직접적인 영향을 미치게 되므로 생산과 직결되는 것인 만큼 중요하다.

3. 식재료 검수관리(food inspection management)

1) 검수관리의 개요

검수는 구매과정 못지않게 중요한 업무이다. 좋은 물품을 구매했어도 그 물품의 수령단계에서 검수가 잘못되었다면 회사에 막대한 손실을 초래할 수 있다.

식재료 검수의 목적은 주문한 내용 즉 가격, 품질, 수량, 규격 등이 일치하는가에 대하여 견적서와 비교함으로서 성립된다. 검수요원은 식재료에 대한 표준구매명세서를 숙지하고 있어야 하며 질, 양, 명세, 가격 등 각 납품된 식재료에 대한 완전한 평가를 할 수 있어야 한다. 검수원의 자질은 보통 '4Is'로 지식(intelligence), 인품(integrity), 관심(interest), 식료에 대한 정보(inform-action about food) 등을 요구한다.

식음료원가 중 최대가 직접재료비라는 것을 감안할 때 기준미달 품질의 식음료를 인수함은 곧 낮은 생산량(yield)과 식재료의 품질

저하를 초래하며 식음료 원가관리의 효율성을 떨어뜨리며 경영성과
에 차질을 가져오게 된다는 점에서 중요한 의미를 갖게 된다.

2) 검수관리과정

(1) 구매주문서, 계약서 혹은 견적서에 의하여 배달된 식재료의 수
    량 및 가격을 점검한다.
(2) 표준구매명세서를 근거로 하여 주문물품의 내용(수량, 규격,
    품질 등)을 검수한다.
(3) 검수요원은 검수를 거쳐 인수한 식재료에 대한 1일 검수보고
    서를 작성한다.
(4) 검수결과에 대한 내용을 기록하고 검수요원이 반드시 사인을 한다.
(5) 검수가 끝난 식재료는 신선도를 유지할 수 있도록 창고의 적
    당한 위치로 신속하게 옮긴다.
(6) 검수담당자는 이러한 검수를 거쳐 인수한 식재료에 대한 모든
    검수 내용을 기록한 1일 검수보고서를 작성하여 관련부서에
    송부해야 하며 따라서 검수의 승인이 있고 난 후부터 회사의
    자산으로 평가한다.
(7) 주문서에 있는 품목이 배달 날짜에 도착하지 않으면 지시받은
    검수원은 구매자나 경영자에게 즉시 통보해야 하다.

3) 검수관리방법

(1) 송장검수법
가장 널리 사용되는 검수법으로 송장은 개개 품목의 수량, 가격과
기타 사항들을 기록하고 있는 문서로서 배달된 식자재와 함께 보내
며 검수원은 송장을 보고 배달된 품목들의 수량, 품질 및 특성, 가
격 등을 대조한다. 이렇게 검수원은 구매명세서와 송장을 대비하여
더욱 확실히 검수사항을 확인할 수 있게 된다.

(2) 표준순위 검사법

송장검수법과 거의 비슷하며 검수절차가 송장 검수법에 비해 느슨하다. 송장대신 배달 티켓이 물품과 함께 검사원에게 보내진다. 이 방법은 주로 동일한 물품을 정기적으로 같은 납품업체로부터 공급받을 때 사용한다.

(3) 우편배달

주문한 물품이 우편이나 항공화물로 배달될 경우 화물표가 송장의 역할을 대신한다.

(4) 무표식 검수법

무표식 검수법에 따르는 송장에는 물품의 이름 외에 다른 정보가 제시되지 않으며 품목의 이름과 가격, 수량, 품질, 특징 등의 모든 정보를 담고 있는 정식 송장이 배달 하루 전에 경리부서로 보내어진다.

4. 식재료 저장관리

1) 저장관리의 개요

식재료의 구매와 검수가 이루어지고 나면 즉시 출고할 것은 바로 해당 영업장에 출고하고 나머지는 합리적인 방법으로 보존하는 것이 필요한데 이렇게 재료를 원래의 소요에 충당하기 위하여 보존하는 상태를 저장(storing)이라 한다. 저장관리는 저장과정에서 도난과 변질로 인하여 발생하는 갖가지 형태의 낭비 및 손실을 가능한 최대한으로 줄이고 재고의 원활한 회전이 이루어지도록 하며 식재료의 출고가 올바르게 이루어지도록 하기 위함이다. 이를 위하여 좋은 저장 및 보관시설과 보관 계획방법을 강구하여야 한다.

또한 식재료는 누구나 손쉽게 식별하고 그 위치를 확인할 수 있도록 저장 초기 단계에서 종류별, 특성별, 사용용도별 등 다양한 분류방법에 의해 저장관리되어야 한다. 식재료를 합리적으로 저장해야 한다.

2) 저장관리의 목적

식재료를 저장 관리하는 근본적인 목적은 적절한 식재료를 구매하여 저장 공간을 통해 도난이나 부패에 의해 손실을 최소화하여 적절한 재고량을 유지하면서 필요에 따라 신속하게 공급하는 것이다. 또한, 식재료를 합리적으로 보존하고 재료별로 식별하기 쉽고 온도, 습도, 통풍 등 제반여건을 충분히 고려하여 저장하는데 저장 관리하는 목적이 있다.

(1) 폐난, 폐기, 발효에 의한 손실을 최소화함으로서 적정재고량을 유지하는 데 있다.

(2) 식재료의 손실을 방지하기 위한 올바른 출고관리에 있다.

(3) 출고된 식재료를 매일매일 그 총계를 내어 관리하는 데 있다.

(4) 사용시점에서 식재료의 출고를 바로 이루어지도록 관리하는 데 있다.

3) 저장관리의 일반원칙

식재료의 효과적으로 저장하고 관리하기 위해서는 다음과 같은 일반원칙을 따르는 것이 좋다.

(1) 저장위치 표시의 원칙

식재료가 어디에 있든지 쉽게 위치를 파악하고 확인할 수 있도록 하기 위하여 재고위치를 적용하여 품목별로 카드를 만들어 관리하여야 한다.

(2) 분류저장의 원칙

최적의 상태로 저장하는 저장기준을 참고로 하여 식재료의 성질, 용도, 기능 등에 따라 분류기준을 설정한다. 같은 종류의 물품끼리 저장함으로써 입출고 시의 번잡과 혼동을 방지하여야 한다.

(3) 품질유지의 원칙

일반적인 식재료의 적정온도와 습도, 저장기간 등을 적용하여 품질의 변화가 생기지 않도록 최고의 품질수준을 유지한다.

(4) 선입선출법(FIFO: First-In, First-Out)의 원칙

먼저 입고되었던 식재료부터 차례로 출고하는 방법이다. 이는 구매과정에서부터 출고되기 전까지 생산날짜, 구입일이 빠른 식재료를 선별하여 출고하는 방법이다.

재료의 저장기간이 짧을수록 재고자산의 회전율이 높고 자본의 재투자가 효율적으로 이루어질 수 있다. 특히 유효기간이 설정되어 있는 품목의 출고관리에 유의해야 한다. 그러기 위해서는 적재할 때부터 입고 순서에 따라 출고될 수 있도록 하여야 한다.

4) 효율적 저장관리

효율적으로 식재료를 저장관리하기 위해서는 가장 먼저 적정한 저장 공간이 확보된 이후에 이루어져야 한다. 또한 저장공간의 적정온도 유지는 식재료의 고유한 맛과 향, 식품고유의 특성을 유통기한 동안 그대로 유지할 수 있으며 위생상의 위해와 도난을 방지하고 식재료의 부패로 인한 손실을 최소화할 수 있다.

이를 위해 저장관리책임자는 식재료의 원활한 유통과 편리성을 기하기 위하여 저장시설에 대한 정기적인 점검과 적정온도를 유지하여 부패되기 전에 출고할 수 있도록 사용상의 원칙을 갖고 관리해야 식음료 수입증대에 이바지할 수 있다.

모든 식재료는 입고에서 부터 출고될 때까지 재고카드에 의해 수량과 잔고를 기입해야 한다. 저장관리자는 재고카드에 의해 저장된 물품의 재고량을 주기적인 재고조사를 실시하여 과잉저장 및 식재료의 부족현상이 일어나지 않도록 해야 한다.

식재료의 효율적인 저장관리를 위해서는 다음과 같은 사항을 고려해야 한다.

(1) 효율적인 식재료 저장관리

① 저장창고의 시설관리를 위해 적정한 온도유지 등의 정기적인 점검을 한다.

② 입고날짜와 보존기간을 카드에 작성 관리하고 위치선정을 명확하게 해야 식재료의 재고량을 파악하기 쉽다.

③ 식재료의 입고날짜, 명칭, 규격, 용도 및 기능별로 그 종류를 세분화하여 저장해야 한다.

④ 저장물품의 양과 부피에 따라 충분한 저장 공간이 확보되어야 한다. 물품자체가 점유하는 점유 공간 이외에도 물자 운반장비의 가동 공간도 함께 고려되어 공간을 확보해야 한다.

5) 저장관리방법

현대의 식품저장방법으로 진공포장, 냉장, 냉동, 통조림, 탈수건조, 냉동건조, 염장, 절임 등이 있다.

(1) 창고저장

채소, 과일, 버섯, 생선, 육류 등의 통조림 식품과 과일, 채소, 콩과류, 전지분유와 탈지분유, 건조계란 등의 탈수 건조식품은 일반식품 저장창고에 저장한다.

(2) 냉동저장

식품의 영양, 맛, 조직, 색 등은 영하 52℃ 이하에서 저장할 경우에 거의 변질이 없다. 식품을 냉동할 경우라도 박테리아나 미생물 또는 해충이 침입하지 않도록 포장을 해야 하며 진공포장을 하기도 한다.

(3) 냉장저장

0℃ 정도의 온도에서 식품을 냉장 저장할 경우에 미생물과 효소의 활동을 단기간 동안은 정지시킬 수 있다. 채소와 과일을 비롯한 염장 및 절임식품의 대부분은 냉장으로 저장한다.

<표 10-1> 식품군별 적정저장 온도 및 기간

식품군	식품류	저장온도(℃)	최대저장기간
육류	로스트, 스테이크	0~2.2	3~5일
	육류 간 것, 국거리	0~2.2	1~2일
	각종 육류	0~2.2	1~2일
	베이컨	0~2.2	1주
가금류	거위, 오리, 닭	0~2.2	1~2일
	가금류 내장	0~2.2	1~2일
생선류	고지방 및 비 냉동 생선	-1.1~1.1	1~2일
	냉동 생선	-1.1~1.1	3일
패류	각종 조개류	-1.1~1.1	1~2일
난류	달걀, 가공된 달걀	4.4~7.2	1주
	달걀을 이용한 조리식품	0~2.2	당일 소비
유제품류	액상우유	3.3~4.4	용기에 표시한 날부터 5~7일
	고형치즈	3.3~4.4	6개월
	농축밀크, 탈지우유	3.3~4.4	밀폐된 상태에서 1년
과일류	사과	4.4~7.2	2주
	포도, 배, 딸기 등	4.4~7.2	3~5일
채소류	고구마, 양파, 호박	15.6	1~2주
	감자	7.2~10	30일
	양배추, 근채류	4.4~7.2	최장 2주
	기타 모든 채소	4.4~7.2	최장 5일

자료 : 염진철, 2007, 기초조리이론과 조리용어, p.199.

6) 저장관리의 과정 및 고려할 사항

(1) 물자의 소재가 언제든지 손쉽게 찾아 쓸 수 있도록 물품별 카드에 저장위치를 명확히 기록한다.

(2) 식재료는 먼저 저장된 순서에 따라 출고되어야 하며 그렇게 하기 위해서는 입고순서에 따라 선입선출(先入先出)을 해야

식재료의 저장기간이 짧아져 재고재산의 회전율이 높고 자본의 투자가 효율적으로 이루어진다.

(3) 낱개 저장지역, Box pallet지역, 대량 Pallet지역 등 입체공간의 활용과 저장지역의 적절한 설계로 적절한 공간 활용을 한다.

(4) 품질보존의 차원에서 식재료를 사용 가능한 상태로 보존한다.

(5) 식재료의 명칭, 규격, 용도 및 수요번호를 기능별로 그 종류를 분리하여 저장한다.

5. 식재료 출고관리

1) 출고관리의 개요

출고관리는 식재료 관리활동과정에서 이루어지는 가장 마지막으로 이루어지는 단계의 관리활동이다. 저장된 식재료를 각 사용부서에 공급하는 일련의 과정으로서 적정한 재고량을 유지하면서 식재료의 출고행위를 하는데 목적을 두고 있다.

2) 출고관리 절차

(1) 식재료청구서 내용의 절차에 의해 식재료의 출고관리

식재료의 출고는 반드시 식재료청구서의 작성내용과 제출에 의해 이루어져야 한다. 특히 저장고로부터 식재료 인출에 필요한 청구서는 식재료의 재고 및 출고사항 파악에 사용할 뿐만 아니라, 월 식음료 매상 원가율을 구하는 데도 필요자료로 이용된다.

(2) 출고업무담당자의 처리과정

저장창고에서 출고되는 모든 식재료는 출고업무담당자가 원활한 처리를 위해 '수입품목'과 '국산품목'별 청구서를 각각 구분하여 출고할 수 있도록 해야 한다.

(3) 식음료청구서의 처리순서

식재료청구서의 처리는 제출된 수령의뢰서 순서에 따라 물품의 출고가 이루어져야 한다. 그러나 예측하지 못했던 식음료행사 예약으로 인한 긴급한 식재료 소요에 따른 물품청구가 있을 때에는 예외적 조치가 가능하다.

(4) 물품취급에 따른 업무의 효율성

출고관리자가 식재료의 물품을 취급할 때에는 일의 능률을 위해서나 물품의 위생적 취급을 위해서도 손수레 등을 이용하는 것이 바람직하다.

(5) 식재료 출고 이후의 사후관리

물품청구서의 내용에 따라 물품을 출고시킨 뒤에는 그 내용을 장부에 기록하고, 접수한 계원의 서명을 받아두어야 재고관리에 이용된다. 또한 물품청구서는 원가관리부서에 보내는 외에도 그 사본을 창고관리장부에 보관하여 재고관리에 이용한다.

3) 출고관리방법

모든 식재료는 공정한 검수과정을 거쳐 저장창고에 저장되는 과정을 거친다. 이렇게 저장된 식재료는 저장창고로부터 청구요구서 양식에 따라 각각의 생산부서로 출고된다.

일부 식재료는 특성과 종류 및 생산 상황에 따라 나뉜다.
- 직접 출고재 : 검수과정에서 직접 출고
- 임시 출고재 : 일시적으로 저장창고에 보관되었다가 출고
- 저장 출고재 : 장기적으로 보관해 두었다가 출고

출고활동은 다음과 같은 출고관리방법에 따라 이루어진다.

<그림 10-1> 출고 관리절차

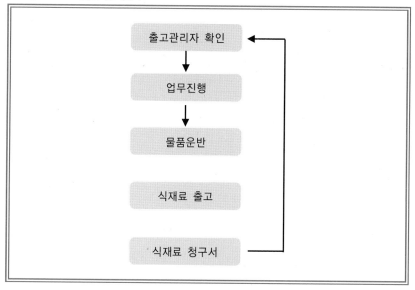

출고관리자 확인

업무진행

물품운반

식재료 출고

식재료 청구서

자료 : 염진철, 2007, 기초조리이론과 조리용어, p.201.

(1) 선입선출법(First-In, First-Out)

먼저 입고되었던 식재료부터 차례로 출고하는 방법이다. 이는 구매과정에서부터 출고되기 전까지 생산날짜, 구입일이 빠른 식재료를 선별하여 출고하는 방법이다.

재료의 저장기간이 짧을수록 재고자산의 회전율이 높고, 자본의 재투자가 효율적으로 이루어질 수 있다. 특히 유효기간이 설정되어 있는 품목의 출고관리에 유의해야 한다. 그러기 위해서는 적재할 때부터 입고 순서에 따라 출고될 수 있도록 저장해야 한다.

대부분의 식재료 출고방법은 선입선출법을 사용한다.

(2) 후입선출법(Last-In, First-Out)

선입선출법의 반대 개념으로 나중에 입고된 물품이 먼저 출고되는 방법이다. 식재료의 사용방법과 업장의 특별행사로 인해 진행될 수 있는 출고법이지만 가능한 후입선출법의 사용은 자제하는 것이 바람직하다.

Chapter 11

메뉴소비자의 이해

1. 메뉴소비자의 개념과 특성

1) 메뉴소비자의 개념

우리 모두는 하루도 빠짐없이 소비행동을 하며 살아가는 소비자이다. 매일 같이 식품 및 음식, 의류, 교통, 통신, 정보 등 수많은 제품이나 서비스를 사용하고 소비하고 있으며 원만한 일상생활을 유지하기 위해서는 이러한 소비활동을 지속적으로 수행하지 않으면 안된다.

일반적으로 소비자란 기업이 제공하는 상품과 서비스의 소비생활을 위하여 구입하거나 사용하는 사람을 말하며, 이러한 정의에 의한 소비자는 상품이나 서비스를 실재로 획득하는 구매자(buyer) 또는 사용자, 구매행동 혹은 사용행동의 주체로 이해할 수 있다.

메뉴소비자는 메뉴라는 상품적 가치 그리고 인간 생명과 건강이라는 의미를 동시에 함유하고 있기 때문에 일반적 소비자와 다른 차원의 의미를 내포하고 있다. 또한 메뉴소비자는 메뉴상품의 구매와 관련된 모든 행동과 의사결정과정까지 포함한다.

2) 메뉴소비자의 특성

일반적으로 소비자의 특성은 관여도, 인지욕구, 감정욕구 등 세 가지로 나누어 볼 수 있는데, 메뉴소비자는 메뉴를 소비하는 주체로서 메뉴 아이템의 선택과 함께 메뉴를 소비함으로써 소비자 행동을 수행하게 되는 특징이 있다. 따라서 메뉴소비자의 특성은 소비자 자신의 개성적 특성을 가지고 메뉴를 선택하며 메뉴를 선택함에 있어 항상 목표지향적이다.

2. 메뉴소비자 행동

소비자 행동이란 '소비자가 상품과 서비스를 언제, 어디서, 무엇 때문에, 어떻게, 누구로부터, 구입하여 왜 사용하느냐에 관련된 의사결정'이다. 즉 소비자 행동은 구매여부, 유사한 사용여부라는 객관적 외부행동뿐만 아니라 구매행동(사용행동)까지의 의사결정과정을 포함해서 생각하여야 한다.

소비자 행동은 크게 구매 행동과 소비행동으로 구분되는데, 소비자 행동에 대한 여러 분야의 연구 결과, 소비자들은 경제적 동기에 의해서만 구매 및 소비행동을 하는 것이 아니라, 비경제적 동기, 즉 소비자의 태도, 동기, 기대, 욕구 등에 따라 구매 및 소비 행동을 하는 경우가 매우 많은 것으로 조사되고 있다.

1) 메뉴소비자 행동의 개념

경영학에서의 소비자 행동은 구매활동 그 자체뿐만 아니라 구매를 전후해서 발생되는 탐색이나 사용, 평가까지도 포함되어 있으므로 구매에 앞서 정보를 수집하고 여러 판매점을 돌아다니면서 각 상표들을 서로 비교, 평가해 보는 행위에서 사용한 후에 그 사람이 가지게 되는 인지적 평가까지도 모두 포함하고 있다.

메뉴소비자 행동을 위와 같은 논리로 접근해 본다면 개인 및 집단이 메뉴나 서비스의 구매와 관련해 행하여지는 모든 행동 및 의사결정과정으로 해석할 수 있으며 이는 개인이나 집단이 외식을 전후해 어느 레스토랑이 맛있는지를 사전조사하거나 정보를 수집하는 행위에서부터 외식을 하고 느끼는 사후 인지적인 평가까지도 포함된다고 할 수 있다.

메뉴소비자는 이러한 소비자 행동을 수행하는 주체로 메뉴아이템을 선택함과 동시에 메뉴상품과 서비스를 소비함으로써 소비자로서의 행동을 수행하게 된다.

2) 메뉴소비자 행동의 영향요인

메뉴소비자들은 메뉴를 선택하고 구매에 대한 의사결정을 하고자 할 때 문화적, 사회적, 개인적, 심리적인 요인에 의해 영향을 받는다. 특히 메뉴소비자 행동에서는 하나의 요인이 아닌 매우 복합적 요소가 동시에 작용하며, 소비 행동에 있어서도 상황적인 요소에 대한 중요성이 부각되고 있다.

(1) 문화적 요인

문화는 개인의 욕구와 행동을 결정하는 가장 기본적인 요소이다. 문화는 개인이 특정 사회에서 지속적으로 학습하는 기본적 가치관, 지각, 욕구, 그리고 행동 등으로 구성된다. 또한 문화는 메뉴소비자들이 무엇을 먹는가에 대해 커다란 영향을 미치므로 소비자 행동을 예측하기 위해서는 지속적으로 문화의 변화를 파악하지 않으면 안된다.

그러나 여기에서 보여주는 사회적 계층의 차이는 일반적 추세와 경향일 뿐이다. 계층사이의 어떤 분명한 경계가 있는 것은 아니나 단지 논리에 맞는 통찰과 단련된 추측이 가능할 뿐이다. 하지만 우리는 각 계층에서 흔히 나타날 수 있는 사고방식 및 행동방식을 규명하고 계층 간의 니즈를 파악해 볼 수는 있다.

(2) 사회적 요인

사회적 영향 요인에는 준거집단, 가족, 사회적 역할과 지위가 포함된다. 이러한 사회적 요소는 소비자의 반응에 큰 영향을 미치기 때문에 거시적으로 소비자를 이해하는 데 있어 중요하다.

(3) 개인적 요인

연령, 라이프스타일, 직업, 경제적 상황, 개성 등이 개인적 영향요인에 포함된다. 특히 라이프스타일은 소비자의 사회계층과 개성 이상의 무엇인가를 포함하고 있다. 즉 라이프스타일 연구는 행동하고 사회와 상호 작용하는 개인 전체의 패턴을 묘사하고 있다.

소비자 행동에 소비자가 어떤 니즈와 가치를 중시하느냐는 사람들의 성격과 상황에 따라 다르지만 생애 단계에서 그들이 어디에 위치하는가에 따라서도 크게 영향을 받을 것이다.

(4) 심리적 요인

소비자 행동에 영향을 주는 심리적 요인에는 동기, 지각, 학습, 그리고 신념과 태도가 있다. 동기는 만족을 느끼기 위한 것으로 매슬로우의 이론이 대표적이다. 지각은 똑같은 동기를 가지고 있는 사람이라고 해도 사람들마다 상황을 다르게 인지하기 때문에 다른 행동을 하고 구매행동도 달라진다. 학습은 경험으로부터 파생된 개인의 행동을 바꿀 수도 있는 심리적인 요소로 학습의 정도에 따라 구매행동도 달라진다. 또한 소비자는 소비행동에 강력한 신념과 태도를 가짐으로써 구매행동이 현실화 된다.

3) 메뉴소비자 행동의 패턴

오늘날의 세계는 글로벌화 수준에서 국가 간, 기업 간, 개인 간의 경쟁이 첨예화되는 '대 경쟁의 시대'를 맞이하고 있다. 특히 메뉴소비자는 다가오는 경쟁적 환경구조 속에서 이노베이션(inovation) 요소를 의도적으로 부추겨 새로운 우위성을 확보하려는 추세로 표현되는데, 메뉴소비자 행동의 패턴을 다음의 네 가지로 나눌 수 있다.

(1) 그레이징화(grazing) 추구 소비형

첨단 산업사회의 구조가 인간의 활동을 구속시키는 현상으로 변화하면서 활동영역이 단순한 기능을 뛰어넘게 될 것이다. 이러한 현상은 결국 시간에 초점을 맞추고 생활해야 하는 현대인들에게 전통적인 세끼의 패턴을 완전히 무시하고 간편함과 동시에 편리성을 추구하는 소비패턴으로 공감대가 형성되고 있다.

(2) 동시다행성 소비형

동일한 공간 내에서 이국적인 정취, 야생적 자연미 등 차별화되고 다양성을 추구하는 소비패턴이다.

(3) 건강지향적인 질을 추구하는 소비형

종래의 열량만을 중시하던 식습관에서 탈피하여 다이어트 지향식, 건강증진식품, 무공해 자연식품, 건강관리식품 등 질을 추구하는 소비패턴이다.

(4) 다운에이징(down-aging), 레트로(retro) 소비형

인공적으로 가공되어 있지 않는 상태의 야성적인 자연미 음식, 복고형 기성세대의 음식, 향수음식을 추구하는 소비패턴이다.

3. 메뉴소비자 트렌드

사전적 의미의 트렌드(trend)는 경제변동 중에서 장기간에 걸친 성장, 정체, 후퇴 등 변동경향을 나타내는 움직임을 의미하는데, 계절 변동이나 경기순환 등 단기변동을 초월해서 지속되는 장기적인 경향을 의미하며 추세변동 혹은 경향이라고도 한다.

일반적으로 소비의 경향을 나타내는 용어로 소비트렌드라는 용어가 사용되고 있으며, 이는 유행과는 큰 차이를 가지고 있다. 유행은 시작은 화려하지만 곧 사라져버리는 것으로 제품 자체에 적용되는 의미로 범위가 매우 좁다. 반면 트렌드는 평균 10년 이상 지속되면서 소비자들이 상품을 구매하도록 이끄는 원동력에 관한 것으로 매우 광범위하게 적용된다.

식생활에 있어서 생존적 차원의 니즈는 상당히 약화되었고 양보다는 질이나 맛, 분위기를 중시하는 자유선택적 니즈가 하나의 소비트렌드로서 자리잡고 있다. 그리고 건강에 대한 관심의 고조로 건강한 생활 지향적으로 삶이 바뀌고 청결이나 위생을 중시하고 고급화, 개식화, 간편식화, 외식화, 간식업의 발전 등도 다양해지는 식생활의 변화 추세로 볼 수 있다. 이러한 변화는 소 가족화, 여성의 사회진출, 독신자의 증가 등의 가족변화와 함께 더욱 가속화되고 있다.

1) 편리함과 간소함의 추구

일반적으로 가족의 감소와 여성의 사회진출이 증가하는 가운데 식사의 준비 등에 소요되는 시간을 감소시키고자 하는 욕구가 증대되고 있다. 이러한 경향은 식생활 형태의 변화 뿐 아니라 식단의 내용까지도 변화시키는 중요한 원인이 되고 있다.

따라서 짧은 조리시간이 요구되는 즉석식품이나, 반조리, 완전조리제품 등 가공식품, 인스턴트식품, 레토르트식품 등의 수요가 증가하는 추세이다.

2) 건강지향성

향후 식생활의 중요 이슈가 될 중요한 특징 중 하나인 '건강지향성'은 비만이나 각종 성인병을 미리 예방할 수 있다는 예방의학 차원에서 특히 각광을 받고 있다. 인간 수명의 증가와 동시에 건강히 오래 살고 싶은 욕구가 표출되면서 건강식품이나 건강보조식품, 환경친화적인 농산물 등의 수요가 증가하는 추세이다. 실제로 유기농으로 재배한 야채나 콜레스테롤이 적은 음식, 다이어트식품, 미용식품, 건강성 기능음료 등을 중심으로 수요가 급증하고 있는 추세이다.

3) 미식가형 식문화 추구

지금까지는 식사장소를 선택하는데 있어 가격, 음식의 맛, 지리적 접근성이 중요한 요인이었으나 이제는 먹고 싶은 음식을 어디에서나, 빠르게, 쉽게 먹기를 원하고 있다. 규격적인 음식과 셀프서비스, 시간절약을 지향하는 패스트푸드점과 같은 간편식으로 발전되어감과 동시에 더욱 고도화되고 까다로워지는 미각의 충족, 고급스러운 분위기속에서 쾌적한 서비스를 받고 싶어 하는 욕구 또한 동시에 증가되고 있다.

소비자의 욕구가 점점 고급화되어감에 따라 외식업도 고급화, 전문화, 고감성화되어가는 추세이며 이제는 단순히 식사를 위한 레스토랑이 아니라 소비자의 취향에 맞는 서비스와 메뉴제공, 분위기 등을 연출하는 종합적인 장소가 되었다.

4) 가치관과 소비패턴의 변화

지난 10년간 우리나라 사람들의 가치관에서 두드러진 변화를 'ESCAPE'으로 요약할 수 있다. 효율지향(effciency), 안전지향(safety seeking), 편의주의(convenience), 외형중시(appearance), 개인화(personalization), 경험지향(experience)이라는 6개의 트렌드 이니셜(initial)로써, 우리 사회를 지배하는 규범과 관습, 불합리, 예측 불가능한 위험, 평범함 등으로부터의 도피나 탈출이라는 큰 의미로 확대된 개념이다.

(1) 효율지향(efficiency)

효율성이 중시하는 라이프스타일로의 변화는 과거에 비해 현대인의 삶이 바쁘고 복잡해졌음을 의미한다. 과거에는 그다지 중요하지 않았던 문제들, 시차를 두고 발생했던 문제들이 동시에 일어나면서 현대인들은 금전적, 시간적 압박으로부터 선택을 강요받게 되었다. 빠른 시간 안에 적은 비용이 드는 대안을 찾다보니 과거에는 중요했던 일들이 주변으로 밀려나고 남은 시간으로 다른 일을 하거나 여가를 찾는 경향이 증가하고 있다. 집은 없어도 차는 있어야 한다고 생각하는 사람들이 늘어나는 것과, 도시형 주거공간과 서구적인 패스트푸드에 대한 선호가 증가하고 있음은 효율지향 트렌드를 뒷받침하는 현상들이다.

(2) 안전지향(safety seeking)

백화점과 한강다리가 무너지는 인재가 발생하고, 벤처거품의 붕괴에 따른 후유증, IMF 구제금융에 따른 생활고와 대기업의 몰락에 따른 실직을 겪으면서 앞날에 대한 불안감과 안전에 대한 욕구가 강해지고 있다.

(3) 편의주의(convenience)

현대인들은 자의든 타의든 간에 시간에 대한 가치를 인식하고 식품을 소비하는데 있어서 전통적인 식품소비를 거부하고, 시간을 위해서 돈을 투자하며, 또다시 돈을 위해 시간을 투자하는 순환적 삶을 살아가고 있다. 또한 소득이 증가할수록 식품구매에 지출이 감소하는 엥겔의 법칙(Engel's law)에 따라 편리성, 맛, 다양성, 건강지향적인 것 등의 부가가치가 형성된 음식을 선호하게 된다.

(4) 외형중시(appearance)

디지털로 인하여 현대인들은 과거에 비해 엄청난 정보를 가지고 의사결정을 하게 된다. 다양한 정보를 기반으로 공통의 삶과 제품을 거부하고 자신만의 개성을 추구하여 남들로부터 주목받기를 희망한다. 또한 꽃미남으로 다시 태어나기, 성형수술에 대한 개방적인 사고, 향수와 액세서리, 피부미용실, 스파 등 과시형 소비를 동반한 외형중시 트렌드는 소득의 양극화로 인하여 더욱 심화되고 있다.

(5) 개인화(personalization)

현대사회의 특징 중 하나는 생산의 단위가 개인으로 원자화되었다는 것이다. 경제력이 곧 주권인 요즘 세상에서 개인으로의 경제단위 변화는 필연적으로 가족해체를 비롯한 개체화 현상을 유발하고 있다. 이러한 현상은 가정 내에서 뿐만 아니라 조직과 사회전체로까지 확대되어 집단 단위의 활동을 찾아보기가 쉽지 않게 되었다.

(6) 경험지향(experience)

생활수준이 향상되면서 예전에 접해보지 못한 새로운 제품이나 서비스에 대해 관심이 늘어나고 있다. 비슷한 제품과 서비스가 만연한 사회에서 새로운 혜택과 편익은 대단히 매력적으로 다가오고 있으며 늘어난 소득과 여가시간으로 지금까지 경험하지 못한 신선한 자극을 필요로 하고 있다. 따라서 먹는 즐거움, 입는 즐거움, 낯선 곳에서 느끼는 색다른 경험에 사람들은 기꺼이 돈을 지불하고 있다.

(7) 합리적 소비(functional consumption)

패스트푸드, 피자, 대형할인매장, 인터넷 쇼핑 등의 증가는 효율성과 편의성을 동시에 중시하는 가치관으로 합리적 소비의 대표적인 예이다. 식습관뿐만 아니라 주거환경도 변화되면서 합리적 소비는 서구식 편의성과 효율성을 지향하면서 나타난 결과라 할 수 있다.

(8) 자기표현적 과시 소비(self-expressive consumption)

아파트의 리모델링, 홈바를 갖춘 주방시설, 맞춤형 와인냉장고 등 자신의 위신을 표현할 수 있는 제품에 대한 보유가 늘어난다는 것은 남들과 다르게 자신을 표현하고 부각시키고자 하는 자기표현적 과시 소비의 대표적인 예로써 균질화 된 품질로부터 탈피를 추구하는 개체화 트렌드를 대변하고 있다.

(9) 경험소비

오감을 자극함으로써 정서적 만족과 즐거움을 얻고자 하는 경향은 여가와 문화 소비에서 두드러진다. 번지 점프, 오지탐험, 래프팅, 주말농장, 테마여행 등 테마나 스토리가 있는 제품에 대한 소비를 통해 현실에 대한 부담감을 떨쳐버리려는 현상이 증가하고 있다.

4. 고객선호도 및 만족도

1) 고객

(1) 고객의 개념

고객(customer)의 어원은 'custom'에서 찾을 수 있다. custom은 '어떤 물건이나 대상을 습관화하는 것 또는 습관적으로 행하는 것'을 뜻한다. 따라서 고객은 어떤 물건이나 대상을 습관화하는 사람 또는 습관적으로 행하는 사람으로 연결되며 일정기간 여러 번의 구매경험과 상호작용을 통해 형성되므로 누적소비 경험이 없는 소비자와 구별되는 개념이다. 따라서 진정한 의미의 고객은 오랜시간을 통해 탄생된다고 할 수 있다. 그러나 현대에 들어와서는 고객의 범위가 상당히 광범위해졌다. 고객에는 상품과 서비스를 생산, 제공하는 모든 종사원(경영자, 관리자, 생산자, 판매자, 상사, 동료, 하급자 등)을 의미하는 내부고객과 그 상품이나 서비스를 제공받는 가치구매 고객인 외부고객으로 나눌 수 있다.

(2) 고객의 유형

고객의 유형은 소비단계에서 경험한 만족여부(만족-불만족)와 선택관계(반복 구매-상표전환)의 차원을 연결하여 분류할 수 있다.

첫째, 만족한 반복구매자(satisfied repeater)이다. 자신의 구매 및 소비경험을 만족해하여 동일한 상품이나 서비스를 지속적으로 구매하는 고객이다. 이들은 여러 가지 동종상표의 사용경험을 통해 상품과 서비스에 대한 지식이 풍부하고 자신이 가장 선호하는 것과 자신의 욕구를 가장 잘 만족시키는 상표를 발견한 고객이다.

둘째, 만족한 상표전환자(satisfied switcher)이다. 구매 및 소비경험에서 대체적으로 만족하고 긍정적인 성향을 보이지만 재구매 시점에서 동종제품으로 상품을 전환하는 고객이다. 이들의 특징은 색다른 경험과 다양성을 추구하여 새로운 기술이 접목되었거나 가격할인 또는 긍정적 혜택이 주어지면 재구매를 포기하고 새로운 제품으로 전환하게 된다.

셋째, 불만족 반복구매자(dissatisfied repeater)이다. 현재 사용 중인 제품이나 서비스에 불만을 갖고 있지만 그것을 계속 구입해서 소비하는 매우 특수한 시장 환경의 고객이다. 공공서비스(경찰, 세금 등)가 대표적인 사례로 고객의 선택이 극히 제한되거나 제약을 받는 경우이다.

넷째, 불만족 상표전환자(dissatisfied switcher)이다. 현재 사용했던 제품이나 서비스에 대해서 만족을 하지 못하기 때문에 다른 경쟁제품으로 상표전환을 꾀하는 고객이다.

<표 11-1> 고객의 유형

구분	만 족	불 만 족
반복구매	만족한 반복구매자 - 충성고객 - 긍정적 구전효과	불만족한 반복구매자 - 공공서비스 등 특수한 시장환경 - 고객의 선택이 극히 제한적
상표전환	만족한 상표전환자 - 색다른 경험과 다양성 추구 - 긍정적 혜택에 대한 호응	불만족한 상표전환자 - 부정적 구전효과 - 광고, 구전에 민감

2) 선호도(perference)

선호의 개념이 뚜렷이 정의되어 있지 않지만, 많은 선행연구에 애호(patronage) 또는 충성(loyalty)과 같은 의미로 사용되어 왔다. 그러나 충성은 '소비자가 특정기간 동안 특정한 것을 선호하는 경향'이라고 정의하고 있어 소비자의 '감정'이 아닌 '행동'을 강조하고 있다. 선호는 선택과 충성의 개념을 포함하는 포괄적인 개념을 갖는다. 충성이 높은 상태를 의미한다. 선호의 개념에 있어 불명확한 점은 이를 '구매활동'으로 볼 것인지 또는 방문행동, 즉 '쇼핑행동'으로 볼 것인지에 대한 합의가 이루어지지 않았다는 것이다. 선호를 구매행동으로서 파악하는 연구자들은 소비자들이 선호하는 점포를 '주고 구매하는 점포' 또는 '구매의사가 있는 점포'로써 측정하며, 쇼핑행동으로서 파악하는 연구자들은 '가장 자주 쇼핑하는 점포'로써 측정하고 있다는 사실이다.

3) 만족도

(1) 고객만족의 개념

보편적으로 사용되는 '만족시키다'는 개념은 영어 어휘의 의미로 볼 때 '가득 차도록 충족시킨다'는 뜻이다. Oliver는 "만족(satisfaction)이라는 단어는 라틴어의 Satis(enough)와 Facere(to do or make)에서 파생되었으며, 만족시키는 제품과 서비스는 충분한 정도까지 고객이 요구하는 것을 제공할 능력을 가지고 있다"는 의미로 보고 있다. 일반적인 의미에서 고객만족(customer satisfaction)이란 "기업이 제공하는 제품이나 서비스에 대하여 고객이 얻게 되는 만족의 정도"라고 할 수 있다.

고객만족의 일반적인 정의는 고객이 상품이나 서비스를 구매하거나 비교, 선택하는 과정에서 느끼는 사전 기대의 실적 평가와의 차이를 실감하는 것으로 볼 수 있다. 생산만 하면 제품이 팔리던 시대는 이제 옛말이 되었으며 고객이 원하는 제품을 만들어 고객을 만족, 감동시킴으로써 고객의 재구매율을 높이고 기업에 대한 선호도를 지속시켜야 한다. 무조건 좋은 제품만을 만들어내는 것이 고객만족이 아니며, 고객이 원하는 제품을 생산, 만들어야 한다.

(2) 고객만족/불만족의 효과

어느 한 기업이 제공하는 상품 또는 서비스는 고객에게 만족 또는 불만족 한 상태로 귀결하게 마련이다.

첫째, 고객기대 〈 고객결과의 경우

서비스 기업이 기대하는 목표달성이 잘 수행되고 있는 최상의 상태이다. 이 경우 고객은 고 서비스 상품을 반복 구매하게 되며 이용을 고정화한다.

둘째, 고객기대 = 고객결과의 경우

이때는 고객에 있어서 두 가지 행동변화가 나타난다. 하나는 동일한 서비스 상품이 다른 서비스 기업에서 생산, 제공하지 않는 경우로써 고객은 처음에 불안정한 심리상태를 보이다가 자사상품을 이용하게 되는 일탈화 현상을 보인다. 또는 마땅한 대체 상품이 없는 경우 할 수 없이 반복구매를 하게 된다. 그러나 이러한 경우 마땅한 대체 상품이나 새로운 경쟁상품이 나온다면 이것이 고객의 욕구를 자극하게 되고 결국 고객을 모두 잃게 된다. 두 번째는 경쟁서비스 기업이 있는 경우로써, 고객은 점차 경쟁서비스업의 상품에 관심을 가지며 이동구매하게 된다.

셋째, 고객기대 〉 고객결과의 경우

고객은 불쾌하고 실망하게 되며, 경쟁 서비스업체의 상품이나 대체 상품으로 옮겨간다. 이렇게 되면 기업은 더 이상의 발전은커녕 존재까지도 흔들리게 된다. 제공한 서비스 상품에 불평(complain)을 갖는 경우라면 고객은 묵묵히 이탈하거나 클레임(claim)을 제시하게 된다. 고객이 클레임을 제기했을 때, 서비스기업의 대응에 따라 고객은 두 가지의 행동 변화를 보인다.

신속하게 고객 불만을 해소시킬 경우 고객은 서비스기업에 대한 신뢰감을 회복함과 아울러 오히려 선호도가 높아진다. 두 번째는 서비스기업의 대응이 미온적이면 고객은 상품 자체뿐 아니라 해당기업 전체에 대한 불만과 불신을 갖게 되고, 이러한 감정은 다른 고객들에게까지 영향을 미침으로써 기업은 그 생존까지 위협받게 될 수도 있다.

4) 메뉴선택에 대한 영향요인

(1) 음식의 맛과 양

어떤 음식물을 받아들이는가의 여부를 결정하는 강력한 요인의 하나로 생리적인 감각이 있다. 음식의 맛에 대한 심리적, 정신적인 반응도 이 감각기관과 밀접한 관계를 가지고 있으므로 식품의 조리는 물론이고 조리한 음식을 어떻게 어느만큼 고객에게 제공하는가, 주방의 위생상태, 레스토랑의 분위기, 가격 등 여러 가지 고객의 반응을 살펴야 한다.

메뉴선택 속성의 대한 연구조사를 살펴보면, 메뉴선택 시 고려사항 중에서 '음식의 맛'을 가장 중요한 메뉴 선택기준으로 고려하였고, '음식의 양'은 상대적으로 덜 중요한 기준으로 나타나서 남과 같은 것이나 양이 많은 것보다는 '음식의 맛'을 더 중요하게 생각하는 것으로 나타나 최근의 생활수준 향상에 따른 식생활의 변화를 반영하고 있다.

(2) 메뉴의 가격

가격은 고객 수와 판매 수입에 직접적으로 영향을 미치며 이윤과 가격에 대한 독창성과 적정성을 확보하여야 한다. 그러나 가격결정에 무엇보다도 중요한 것은 고객의 평가를 파악하는 것이다. 또한 가격에 대한 고전적 연구에서는 가격과 품질에 대한 상관관계를 조사했는데, 고객은 제품에 대한 정보가 없을 때 가격을 품질의 지표로 이용하는 경향을 보이고 있다. 메뉴의 가격을 결정하는데 심리적 가격기술이 자주 이용되어 왔으며 이러한 심리적 가격에 대한 연구가 꾸준히 진행되고 있다.

가격에 대한 고객의 심리적 반응은 여러 가지 유용한 전략을 세우는데 정보를 제공하는데, 가격표를 작성할 때 일반적인 원칙은 '가장 비싼 주요리의 가격은 가장 저렴한 주요리 가격의 2.5배를 넘지 않는다'는 것이다. 그러나 원칙이 무시되고 가격차가 이보다 크다면 고객은 싼 가격의 아이템을 선택하게 될 것이다.

일반적으로 레스토랑의 가격정책은 크게 '가격지향적'과 '가치지향적'인 정책으로 대별된다. 뿐만 아니라 고객은 가격에만 영향을 받지 않고 레스토랑의 명성, 분위기, 이미지와 서비스의 형태에도 영향을 받는다.

메뉴의 가격결정은 2가지 요인에 근거를 둔다.

첫째, 원가를 충당하고도 이익을 내기 위해서는 얼마만한 수입이 있어야 하는가 하는 예상 판매액을 결정해야 한다.

둘째, 대상 고객층의 수입, 가처분 소득, 엥겔지수 등을 고려하여 고객이 지불 가능한 범위 내에서 가격을 결정해야 한다. 수입대비 식자재 원가비율을 살펴보면 시설이나 기업의 형태 그리고 방침에 따라 다르지만 대체로 다음과 같다,

① 호텔 및 일반레스토랑 : 30~40%

② 학교, 산업체 급식 등 단체급식 : 50~60%

③ 군대급식 : 90~100%

(3) 메뉴품목의 종류와 다양성

고객이 메뉴를 선택할 때 아이템의 수는 중요한 요인이 될 것이다. 비슷한 조건의 레스토랑이 존재할 때 다른 곳에 없는 아이템이 준비되어 있다면 고객은 선택의 폭이 그만큼 크기 때문에 그러한 레스토랑을 선택하게 될 것이다. 그러나 아이템의 수와 다양성의 문제는 고객의 선택행동과 더불어 식재료원가와 직결된다. 즉 아이템을

다양하게 기획한다면 식재료 원가관리에 문제가 발생할 것이다.

그러나 소수를 위한 메뉴개발은 필요한데, 특히 그 아이템을 선택하는 사람이 의사결정권자이거나 의사결정과정에 중요한 위치를 차지할 수도 있기 때문이다. 예컨대 어린이나 노인 등의 특정계층을 위한 메뉴는 대중적이지는 못하지만 다른 아이템의 구매를 유인할 수 있기 때문에 메뉴 계획자는 이러한 점을 간과해서는 안 된다.

듀(K. Drew)는 메뉴 아이템의 단순화를 역설하는 대표적인 학자이다. 그는 "메뉴의 단순함이 레스토랑 경영의 성장을 보장한다"고 역설하였다. 또한 "메뉴의 내용을 너무 단순화하는 것을 경계하면서 고정메뉴와 아이템의 변화를 조화시키는 것이 중요한다"고 주장하였다. 아이템의 수를 적정수준까지 제한할 때 얻을 수 있는 장점은 〈표 11-2〉와 같다.

그러나 아이템의 수를 적절히 조정함으로써 메뉴가 간결함으로 얻는 이점이 큰 반면 고객이 메뉴를 가볍게 인식할 우려가 있다.

〈표 11-2〉 메뉴 아이템수의 적절성에 따른 장점

1. 고객이 메뉴를 선택하는 시간이 줄어들어 회전율을 높일 수 있다. 2. 식재료의 재고를 줄여 신선도를 유지하고 비용 절감효과 3. 레스토랑의 전문성 부각 4. 생산과 서빙 소요시간 단축과 비용절감 5. 표준화를 통한 음식의 질 유지 6. 생산에 소요되는 공간과 식재료의 최소화 7. 메뉴 선택에 대한 예측성이 높아짐에 따라 준비 단계의 작업효율성 8. 주문과 통제체제를 단순화함으로써 관리와 감독의 용이성 9. 메뉴의 개발이 용이

아이템을 선택함에 있어서 아이템의 수와 다양성이 중요한 요인이다. 과거에는 질보다는 양, 기능보다는 심미적 요소가 메뉴기획과 디자인에 있어서 주요 변수요인이었다. 그러나 오늘날 메뉴계획에 양보다는 질을, 미적인 요인보다는 기능적인 면을 더 중요시하고 있다. 그리고 메뉴에서의 아이템의 위치(position)는 대중성에 영향을

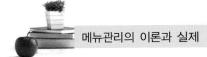

미치며 이윤향상에 기여할 것이다.

아이템의 수를 제한하는 것이 관리차원과 마케팅 측면에서 유리하며, 일반적으로 메뉴상의 아이템 수와는 관계없이 고객이 선호하는 아이템의 수는 각 집단별로 4~5가지로 제한되어 있다. 그러나 대부분의 메뉴기획자들은 아이템의 수를 제한하는 것이 다양성을 저해한다고 생각하지만 아이템수의 제한이 다양성의 제한을 의미하는 것이 아니므로 아이템의 수와 다양성은 다른 차원에서 고려되어져야 한다. 따라서 다양성의 제고는 아이템의 수를 늘리는 것보다 조리방식, 조합되는 가니쉬의 종류, 색상, 담는 방법 등을 변형하여 한 차원 높은 메뉴관리를 계획해야 한다. 또한 클립-온(clip-on) 메뉴나 팁-온(tip-on) 메뉴를 활용하면 다양성 측면에서 메뉴아이템의 종류를 효과적으로 변화시킬 수 있다.

Chapter 12

메뉴소비시장의 분석

제1절 메뉴소비자의 개념

1. 소비자의 개념

1) 소비자의 정의

소비자보호법은 소비자를 "사업자가 제공하는 물품 및 용역을 소비활동을 위하여 사용하거나 이용하는 자 및 제공된 물품을 산업 및 조업활동을 위하여 사용하는 자"라고 하고 있으며, 재생산을 위한 자본재로서 사용하는 자는 제외하고 있다.

소비자의 역할은 소비자로서 개인과 가계의 전통적인 소비개념의 역할뿐 아니고 자원의 획득, 배분, 구매, 사용 및 처분하는 과정까지 포함한 광범위한 역할을 뜻한다. 획득자, 배분자, 구매자, 사용자 및 처분자로서 사회와 상호 작용하는 역할을 종합한 개념으로 정의된다.

2) 소비자의 특성과 역할

(1) 소비자의 특성

소비란 돈이나 물품, 시간, 노력 따위를 들이거나 써서 없애는 것으로 경제학 용어에서는 욕망의 충족을 위하여 재화를 소모하는 경

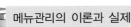
제 현상이라 표현하고 있으며, 소비자란 이런 무형 또는 유형의 물건을 소비하는 사람 또는 물건을 사는 사람을 의미한다. 즉 소비자란 자신의 생활영위를 위해 시장거래에 임하는 거래의 주체이며, 또한 소비자는 체계적인 경제활동과정을 통해 욕구를 충족하고 목표를 달성하는 능동적인 힘을 행사할 수 있는 존재이다.

(2) 소비자의 역할

소비자역할이란 소비자 개인에게 기대되어지는 행동이며, 최근 소비영역이 확대되어지면서 소비자 역할이 보다 포괄적으로 보고 있다. 즉 소비자역할은 소비행동 및 구매행동을 향상시키는 것과 관련된 기능, 그리고 사회구성원 최대수의 만족을 위하여 자원을 효율적으로 사용하는 것과 같은 사회적으로 바람직한 행동이다.

소비자는 구체적으로 다음과 같은 다양한 역할을 수행한다.

① 소득을 어떤 방법으로 획득하는가의 역할을 담당한다.

② 소비자는 배분자의 역할을 담당하는데 소유한 자원을 어떤 목표를 가지고 배분하는 역할을 한다.

③ 어떤 재화와 서비스를 어떻게 효율적으로 구매할 것인가에 대하여 구매자 혹은 선택자로서의 역할을 담당한다.

④ 구입한 재화와 서비스를 어떻게 효율적으로 사용할 것인가 역할을 담당한다.

⑤ 환경오염문제에 대한 인식이 고조되면서 대두된 것으로 소비자가 사용 후 환경에 나쁜 영향을 미치지 않는 처분행동을 함으로써 환경을 보호하는 처분자로서의 역할이다.

2. 소비자 구매행동

1) 소비자의 구매행동

(1) 소비자행동의 결정요인

소비자는 일반적으로 제품을 소비하는 소비자와 제품이나 서비스를 사용하는 사용자, 조직의 구매담당, 서비스를 받는 측의 사람 등의 4가지 유형의 소비자를 말한다. 이런 소비자의 유형에 의한 심리적 의사결정에 따라 소비자의 구매행동이 이루어진다. 즉 소비자는 개인이나 집단 및 기관으로 구성되고, 소비자의 행동요인은 크게 심리적 요인과 환경요인으로 구분된다.

① 심리적 요인

내적 요소로 소비자의 행동에 영향을 미치고, 지각, 학습, 동기, 태도, 개성, 자아 등을 통하여 소비자 구매의사가 결정된다.

② 환경 요인

외적 요인으로 외부적인 영향을 통해 상품을 구매하는 행동이 나타나고, 사회문화적 요인과 마케팅 전략에 의해 구매의사가 결정된다.

문화, 사회, 가족 등에 의해 구매하고자 하는 상품을 결정하게 된다.

(2) 매슬로우(A. H. Maslow)의 욕구 5단계설과 식생활

매슬로우는 인간의 욕구를 5단계로 구분하였다. 욕구 5단계설과 식생활의 연관성은 다음과 같다.

- 1단계 : 생리적 욕구 → 배고픔과 목마름을 충족하기 위한 식사
- 2단계 : 안전의 욕구 → 풍족한 음식과 가족의 안정을 위한 식사
- 3단계 : 사회적 욕구 → 식사를 하면서 이루어지는 사회적인 상호작용
- 4단계 : 존경의 욕구 → 자신과 다른 사람을 즐겁게 하는 식사
- 5단계 : 자아실현의 욕구 → 고급요리를 취미로 즐기는 유희적인 식사

(3) 소비자의 구매유형

소비자가 원하는 상품의 종류에 따라 구매유형은 매우 다르게 나타나는데, 소비자의 구매행동은 광고나 선전 및 매스미디어를 통해 구매충동을 느끼기 때문에, 외식산업의 경우 소비자의 구매유형을 파악하고 메뉴관리나 아이디어를 찾는 것이 중요하다.

① 목적성 구매 : 장기적 안목과 계획 구매(주택, 자동차, 전자제품 등의 충동구매가 아닌 장기적 목적구매)

② 비목적성 구매 : 현장결정 구매(소액·시장구매)로서 사전계획 없이 정확한 상품종류의 구매가 결정되지 않은 상태

③ 습관성 구매 : 필수구매, 생활필수품의 경우, 상품구입 시 빈도와 가계수입의 한도 내 필수품 구입과 외식계획

④ 가격민감성 구매 : 가격이나 기타 경제적 가치비교에 의하여 상품을 구입하는 구매로서 저렴한 가격상품, 저가격 메뉴, 다목적 성 용도의 구매결정을 내린다.

3. 메뉴소비자의 이해

1) 메뉴소비자의 의의와 특성

소비를 위해 상품을 구매하는 최종적인 소비행위가 소비자라고 하지만, 메뉴소비자는 소비만을 위한 소비만은 아니다. 특히 메뉴라는 상품적 가치와 인간 생명과 건강이라는 의미를 동시에 함유하고 있다.

메뉴소비자의 특성은 소비자들의 자주적인 사고를 가지고 메뉴를 선택하기 때문에 외식업소를 방문할 때는 목표지향적인 인식을 갖고 있다.

메뉴소비자들은 외적요소를 통해 영향을 받을 수 있기 때문에 메뉴소비자들이 무엇을 원하는지 파악하여 그에 맞는 메뉴나 서비스를 제공해야 한다.

2) 메뉴소비자 행동

사람들은 음식을 선택하거나 소비하기 전에 여러 가지 다양한 요인들에 의하여 영향을 받는다. 즉 한 개인이 따르는 식습관은 한순간에 형성되어지는 것이 아니라 개인이 속한 사회 또는 문화, 또는 그 외 여러 가지 원인에 의해, 그리고 지각과 경험을 바탕으로 이루어진다.

(1) 심리적 요소(psychological factors)

인간은 누구나 똑같은 동기와 지각을 가지고 있다 하더라도 상황을 항상 다르게 인식하기 때문에 행동과 패턴이 바뀐다.

외식소비자는 심리적인 요소에 의해 외식메뉴상품을 선택하게 되고 그에 따라 지각하는 정도가 다르게 나타난다. 외식소비자는 소비행동의 심리적인 안정이 있어야만 구매행동이 현실화된다.

(2) 개인적 요소(individual factors)

① 연령 및 라이프사이클

대부분의 외식구매자들은 그들의 라이프 타입에 따라 메뉴상품과 서비스를 바꾸게 된다. 따라서 외식소비자들의 구매행동을 높이기 위해서는 연령 및 라이프사이클을 고려해야 한다.

- 직업 : 직업적인 유형에 따라 외식소비 행태가 다르게 나타난다.
- 경제적인 상황 : 경제적인 수준과 경제적으로 처해 있는 상황인 수입정도, 저축, 이자율 등에 따라 외식소비 행위는 다르게 나타난다.
- 라이프스타일 : 라이프사이클은 소비자의 소비생활에 중요한 요인으로 일, 취미, 쇼핑, 스포츠, 사회적인 이벤트 등에 의해 관심의 정도가 다르다.
- 인성 및 자아 : 환경적인 영향에 의해 지속적으로 만들어진 심리적인 특성이 인성이라면 자아는 자신에 대한 아이덴티티(identity)라고 설명할 수 있다.

(3) 사회적인 요소(social factors)

■ 멤버십 그룹 : 가족, 친구, 이웃, 직장 동료 등 비공식적인 상호
작용을 하는 일차적인 집단과 공식적인 상호작용을 하는 종교집
단, 협동조합 등은 메뉴소비에 영향을 준다.

■ 참고 그룹 : 개인의 행동이나 태도를 공식화하는 데 참고가 되는 그
룹으로 대면 접촉을 할 수도 있지만 간접적인 접촉도 할 수 있다.

(4) 문화적 요소(cultural factors)

외식소비자들의 영향요인 중 문화적 요인은 고객에게 가장 폭넓고
깊은 영향을 준다. 새로운 메뉴상품을 출시하거나 신개념의 외식업소
를 개점할 때는 문화적인 이동을 고려하는 것이 매우 중요하다. 예로
최근의 문화적 이동은 건강과 다이어트에 관심의 초점이 맞추어져 있
으므로 자연적이고 건강지향적인 음식들이 인기를 얻고 있다.

제2절 소비시장의 환경분석

1. 소비시장의 분석

1) 생활환경의 분석

소비자는 주위의 다양한 요소들에 의해 영향을 받는다. 특히 생활
환경의 변화를 보면 시대에 따라 어떻게 변화되었는지 그리고 향후
변화도 예측해 볼 수 있는 중요한 지표가 된다.

(1) 생산중심사회에서 소비지향사회로의 변화

우리나라의 1인당 국민총소득은 1990년대 처음으로 5,000달러를
넘어선 이래 2003년에는 2,235,000원으로 2.37배로 크게 증가하
였다.

이와 같은 개인 소득의 증가에 힘입어 소비자들의 생활은 매우 급속하게 변하고 있다. 특히 주목되는 것은 소비에 대한 태도 및 사회적 평가가 크게 달라지고 있다는 점으로서 소비자의 적극적인 소비 마인드와 함께 '소비가 미덕이다'라는 소비미학이 사회적 분위기로 형성되었다. 곧 사람들의 관심이 재화의 생산과 분배에 있기보다는 오히려 상품의 홍수 속에서 상품 이면에 숨어있는 사회, 문화적 의미, 즉 기호의 생산, 분배 쪽으로 옮겨가는 사회로 변화되었다.

(2) 세대 구성의 변화

기성세대와 뚜렷이 구별되는 신세대의 출현뿐 아니라 고령화에 따른 노령인구의 증가와 같이 세대 간의 역할관계나 세대별 특성의 변화야말로 새로운 트렌드 및 라이프스타일을 낳는 직접적인 원인이 된다. 65세 이상 고령인구는 평균 수명연장 및 출산율 감소로 2000년 7.2%에서 2019년 14.4%로 고령사회에 진입하고, 2036년에는 20.0%로 초 고령사회에 도달할 전망이다.

따라서 실버층이 커다란 규모를 이루게 될 것이라는 전망 덕분에 장차 예상되는 실버층의 라이프스타일 및 실버 마케팅에 대한 관심이 고조되고 있다. 이미 고령화 사회로 진입한 일본이나 서구사회를 보더라도 실버층의 양적, 질적 성장에 따른 사회, 경제적 파급 효과가 엄청나다는 것은 분명한 사실이다.

(3) 생활관의 변화

오늘날 우리나라 사람들의 생활관은 생존과 경제력 향상과 같은 '물질주의적 생활관'에서 점차 미(美), 지(知), 개성(個性), 사회적 귀속감, 자아실현과 같은 '탈 물질적 생활관'으로 옮겨가고 있다. 즉 생존과 안전의 욕구를 넘어서 자신의 정체성을 확립하고 나아가 자기계발, 지역사회와 환경에 대한 배려, 심미적 탐구 등 보다 고차원적인 욕구를 실현하는 데 관심이 변하고 있다.

(4) 새로운 라이프스타일의 출현

가족 형태가 점차 다양화되고 있으며, 일반적으로 우리나라 가족 형태의 추이는 소가족화와 다양화로 요약해 볼 수 있다.

가족 형태가 다양화 되는 배경에는 다음과 같은 원인을 들 수 있는데, 첫째로 여성의 사회진출에 따른 만혼화와 소산화 경향을 들 수 있다. 둘째로, 젊은 세대를 중심으로 한 핵가족화, 부모의 이혼 등 서구적 가족관의 영향으로 싱글, 소가족화를 지향하는 것으로 나타나있다. 확실히 제반 사회 환경의 변화로 20~30대층에서는 싱글, 딩크의 가족형태가 점점 일반화되고 있고, 이 밖에도 고령커플만의 가구나 고령싱글이 증가하고 있다.

2. 소비시장의 트렌드

1) 환경 변화

(1) 경제 환경의 저성장유지와 소득구조의 변화

향후 경제 환경은 투자부진과 인구구조 고령화 등으로 저성장 기조가 유지될 전망이다. 이는 과중한 가계대출, 실업자 양산, 기업투자 위축 등의 현상이 지속되면서 저성장이 유지된다는 예측이다. 또한 소득 양극화가 심화되는 가운데 소득계층 간의 양극화는 더욱 확대되어 사회갈등 요인으로 작용할 것이며, 고소득층 집단은 초고소득층과 하위 레벨로 이원화되는 현상이 나타나고 있다.

(2) 소비집단의 재편

고령화의 진전과 자녀수의 감소, 미혼층의 증가 등으로 1인 가구 비율이 급증하며, 노인만으로 이루어진 노령가구, 독거노인 가구도 증대할 것으로 예상되는 이들이 새로운 소비층을 형성할 것이다. 또한 핵가족사회의 가속화로 딩크(DINK : Double Income No Kids), 통크(TONK : Two Only No Kids), 싱펫(SINPET : Single +

Pet), 딩펫(DINPET : Double Income No Kids + Pet) 등의 혈연 중심의 가족에서 다양한 관계로 변화하고 있다.

(3) 소비자 주권의 신장

정부의 소비자 권리를 강화하기 위한 정책 및 제도의 도입으로 공정거래 관련 손해배상청구제도를 활성화하고 소비자 피해구제가 강화될 것이다. 또한 관경, 안전, 건강의 중시 경향이 강해지면서 식품안전, 환경정책이 더욱 엄격해지는 추세로 진되고 있다.

(4) 글로벌 문화의 확산 가속

사이버 네트워크, 대중문화의 실시간 교류, 언어장벽의 소멸 등으로 전 세계 신세대 간 정보공유의 동시성이 심화되고 문화를 공유하게 된다. 또한 정보의 공유를 넘어 유사제품, 브랜드가 국가와 지역의 경계를 넘어 동시에 판매되는 글로벌 소비문화가 형성되고 있다.

2) 국내 소비시장 변화의 주요요인

1980년대까지는 상품, 서비스의 가격 혹은 품질에 따라 구매의사결정이 이루어졌고, 상품구매가 한정되었으며 가격, 품질의 차이도 크지 않았다. 그래서 특별히 고객을 분석하거나 세분할 필요가 없이 공급우위적인 대량생산 중심으로 산업이 발전되었다. 1990년대 들어서는 소비자의 주관적 가치가 중시되고 소비자의 니즈가 분화되었으며, 다양한 소비자 유형들이 등장하여 기업은 시장 세분화에 근거하여 다품종 소량생산으로 변화하였다.

특히 외환위기와 사회경제적 여건 급변의 영향으로 개별 소비자가 상반된 소비성형을 동시에 보유하는 양면적 소비현상이 나타나게 되었다. 그리하여 새로운 소비트렌드가 기업마케팅 방식의 변화를 유도 하였다.

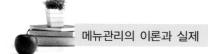

(1) 경제적인 요인

소비의 양적 확대와 질적 변화가 동시에 진행되어 곧 소득 양극화가 소비의 양극화가 되었다.

(2) 환경적 요인

국내소비를 둘러싼 환경의 변화로 질적 풍요를 추구하는 가치관이 확산되었으며 산업기술의 발달로 디지털화가 됨에 따라 소비자의 지적능력이 성숙되었고, 고령화, 소 자녀화에 따라 특정시장이 부상하게 되었다.

3) 소비트렌드의 양면성

소비시장의 양적으로 증가하는 가운데 양면적 소비로의 질적인 변화가 일어나고 있다. 여기에서 소비시장의 양면성이란 개인의 상반된 소비 가치들이 과거에는 생각에 머물러 있었으나 이제는 행동으로 표출되는 것을 의미하는 것으로 소득 불균형 때문에 소비지출이 양적으로 편중되는 것을 의미하는 양극화와는 다른 개념으로 이해해야 한다.

4) 소비시장 양면성의 4대 요인

(1) 경제적 요인

소득양극화가 양면적 소비행태를 가속화시켰다. 특히 소득격차의 확대, 신용카드의 확산이 소비 다변화를 촉발시켰으며, 그로 인해 중간 이하 계층도 고소득층 소비를 추종, 모방하는 것이 가능해졌다.

(2) 기술적 요인

디지털화에 따라 소비자의 지적 능력이 성숙하였다. 즉 이동전화, 인터넷의 사용이 보편화되면서 개인 의견을 피력하는 경향이 두드러지고 있다.

(3) 사회심리적 요인

글로벌화가 급진전됨에 따라 타 문화의 수용성이 증가되었다. 직, 간접 외국 경험의 증가로 타 문화에 대한 이해가 넓어지고 개방적, 수용적 태도로 전환되었다.

(4) 인구통계적 요인

가족수의 감소와 고령화 등에 따라 라이프스타일이 변모되었다. 가족수의 감소로 인해 기혼여성의 사회활동 가능성이 커졌으며, 출산 연기 및 기피로 한 자녀를 둔 가정이 증가하고 있다. 또한 건강에 대한 관심이 높아지고 경제력이 있는 노년층을 중심으로 문화생활의 중요한 계층으로 주목되고 있다.

5) 양면적 소비트렌드

(1) 집단소비와 개인소비

이것은 집단적인 소비와 개인적인 소비가 동시에 일어나는 것을 의미한다. 유행을 좇는 집단으로 모방소비를 하는 한편 자기중심적인 사고를 가지고 개성을 표현하는 성숙하고 합리적인 소비문화를 추구하는 것이다. 소비자는 실제 소속하지 않은 집단과 관련시키려 하며 동경집단과 동일시하는 경향과 함께 소비를 통하여 너와는 다르고 그들과는 같다는 표현을 하려고 한다.

(2) 유목성향과 정착성향

모바일커머스, 디지털화 시대의 양면성을 의미한다. 언제든지 정보처리가 가능한 이동컴퓨팅(mobile computing)의 시대가 열리고 관련 제품들이 고성장을 하고 있다. 반면에 소비자는 사람의 마음을 온화하게 해주는 것도 동시에 찾고 있다. 유목성향은 노마드족이라는 신조어도 탄생시켰으며 이동의 편리성을 강조한 패스트푸드 시장에서 드라이브 쓰루(drive-thru), TO-GO, 간편 조리식품, 이동하면서 먹을 수 있는 Finger Food의 시장이 더욱 확대된다.

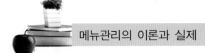

산업과 기술이 발달되는 만큼 과거로의 회귀 현상도 두드러지는데 전통을 지향하는 복고적 콘셉트나 자연으로 돌아가고자 하는 욕구는 더욱 심화될 것이다.

(3) 이성소비와 감성소비

정보를 수집하고 구매방법을 자신이 결정하는 합리적인 소비인 이성소비와 이미지와 지적인 측면을 중시하는 감성소비가 동시에 공존하는 양면성이다. 이성소비는 인터넷 쇼핑몰이나 매스미디어의 다양한 광고를 통해서 상품의 속성을 파악한 후 가격을 비교하고 구매를 결정하는 정보를 수집하고 선별할 수 있는 능력이 있는 소비자를 말한다. 따라서 이들 소비자에게는 온라인 동호회나 입소문(word of mouth)이 중요하다.

반면에 감성소비는 가격, 품질 등 기본적 속성 외에 브랜드, 이미지, 디자인 등 감성적 요소를 중요하게 생각하기 때문에 휴머니즘과 부드러움을 함께 제공하는 휴먼터치 상품을 요구한다.

6) 소비시장 변화의 대응

(1) 소비 트렌드의 변화를 정확히 읽고 기회를 선점한다.

소비시장의 변화에 능동적으로 대응하기 위해서 액티브 시니어시장, 어린이 시장 등 떠오르는 시장을 적극적으로 공략해야 한다. 고급시장이 확대되는 추세에 맞추어 고가, 고품질 제품의 개발이 필요하며, 맞춤화된 서비스를 제공해야 한다.

(2) 국내시장의 글로벌화에 대한 대응이 요구된다.

초일류 다국적 기업이 경쟁상대임을 인식하고 한 차원 높은 서비스를 구사하는 한편 경쟁력을 높여야 한다.

(3) 변화에 빠르게 대응하기 위해서 유연한 경영체계가 필요하다.

고객의 요구를 감지하고 이를 상품에 즉각 반영할 수 있도록 시장중심체제로 전환할 필요가 있으며, 고객 접점부서의 기능을 강화하고 정예화된 인력을 배치해야 한다. 또한, 온라인과 오프라인의 고객관련 기능이 효율적으로 연계되어야 한다.

(4) 소비에 대한 사회적 책임을 강조한다.

사회정서를 감안하여 경영활동기준을 설정하고 마케팅활동에 반영하여 소비자를 최우선으로 한다는 경영마인드를 점검하고 실천해야 한다.

MEMO

부 록

부 록

Italian Restaurant(La Stella) Menu

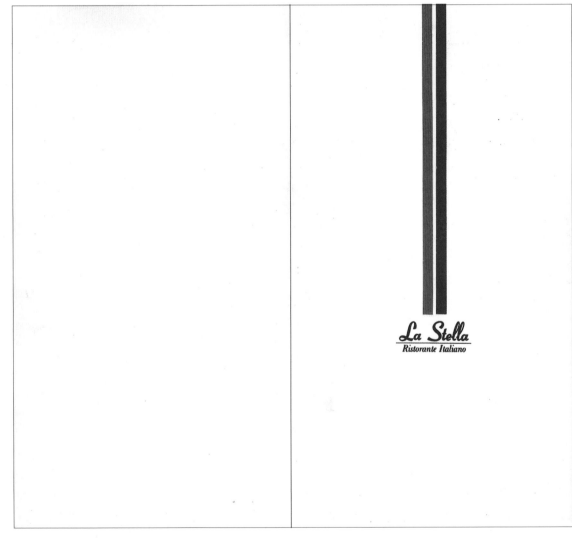

[표지]

Italian Restaurant(La Stella) Menu

전 채
APPETIZERS - Antipasti

1. 각종 향신료 소스가 가미된 달팽이 전채   ₩ 8,000
SNAILS WITH AROMATIC ITALIAN HERBS
Lumache alle Erbe

2. 마늘과 바질향을 가미한 새우 전채   ₩ 8,000
BABY SHRIMP WITH GARLIC & BASIL
Gamberetti all' Aglio

3. 이태리식 냉육모듬 전채   ₩ 8,500
MIXED ITALIAN COLD CUTS
Antipasto La Stella

4. 샐러리와 양송이를 곁들인 얇게 저민 쇠안심 전채   ₩ 9,000
THINLY SLICED COLD BEEF WITH CELERY & MUSHROOMS
Carpaccio su sedano e Funghi Marinati

5. 이태리식 생선 모듬 샐러드   ₩ 8,000
MIXED SEAFOOD SALAD
Insalata Costa Smeralda

6. 이태리 향신료 소스를 가미한 연어 전채   ₩ 8,500
MARINATED SMOKED SALMON WITH ITALIAN HERB SAUCE
Carpaccio di Salmone alla Salsa Verbe

스 프
SOUP-Zuppe

1. 양송이 크림스프   ₩ 4,500
CREAM OF MUSHROOM SOUP
Crema di Funghi

2. 이태리식 야채스프   ₩ 4,500
VEGETABLE SOUP
Minestrone alla Genovese

3. 만두를 곁들인 이태리식 쇠고기콩소메 스프   ₩ 5,000
BEEF CONSOMME WITH RAVIOLI
Brodo Di Manzo Al Ravioli

4. 이태리식 양파스프   ₩ 5,000
ONION SOUP
Zuppa di Cipolle alla Pugliese

5. 각종 이태리 토마토, 홍합을 가미한 정통 이태리식스프   ₩ 5,500
MUSSEL SOUP
Zuppa alle Cozze

샐러드
SALADS - Insalata

1. 이태리식 모듬 샐러드   ₩ 4,000
MIXED SALAD
Insalata Mista

2. 시실리안식 토마토 샐러드   ₩ 4,500
SICILIAN STYLE TOMATO SALAD
Insalata di Pomodoro alla Siciliana

3. 로마식 참치 샐러드   ₩ 5,000
SALAD WITH TUNA, BEANS & SLICED ONIONS
Insalata alla Romana

4. 햄, 치즈, 계란 안초비를 곁들인 모듬 샐러드   ₩ 6,000
MIXED SALAD WITH OLIVES, ONIONS, ANCHOVIES AND EGGS
Insalata Capricciosa

이태리식 면요리
PASTA - Pasta

SPAGHETTI   RIGATONI
스파게티   리가토니

FETTUCCINE   FUSILLI
페투치네   푸질리

GNOCCHI   ANGELO
뇨끼   안젤로

손님의 취향에 맞는 소스를 택하십시오,
And choose your favorite sauce.

1. 미트소스를 곁들인 파스타
PASTA WITH MEAT SAUCE
Alla Bolognese

2. 토마토 소스에 참치와 엔초비를 가미한 파스타
PASTA WITH TOMATO SAUCE, TUNA & ANCHOVIES
Tonno e Alici

3. 각종 해산물을 곁들인 파스타
PASTA WITH TOMATO SAUCE & MIXED SEAFOOD
Portofino

4. 주방장 특유의 오징어를 가미한 파스타
CHEF'S SPECIAL PASTA
Dello Chef

5. 매운맛의 토마토 소스에 이태리식 정통 파스타
PASTA WITH SPICY TOMATO SAUCE
Alla Arrabbista

6. 치즈 소스를 곁들인 이태리 정통 파스타
PASTA WITH CHEESE SAUCE
Quauttro Formaggio

7. 바질향의 소스에 이태리식 정통 바베게
PASTA WITH BASIL SAUCE
Bavette al Pesto

8. 연어 소스를 가미한 이태리 정통 파스타
PASTA WITH SALMON SAUCE
Al Salmone

9. 백포도주와 마늘을 가미한 대합 파스타
CLAMS & WHITE WINE SAUCE
Alle Vongole

10. 양송이와 새우를 곁들인 이태리 정통 파스타
PASTA WITH BABY SHRIMP & MUSHROOMS
Capelli alla Veneziana

11. 파르메산치즈와 베이컨, 계란을 가미한 카르보나라
PASTA WITH EGG, CREAM, BACON AND PARMESAN CHEESE
Alla Carbonara

Starter ··· ₩ 8,000
Main ··· ₩ 10,000

12. 미트소스를 곁들인 이태리 정통 라자냐   ₩ 11,000
BEEF LASAGNA
Agnolotti dello Chef

13. 생선을 곁들인 이태리 정통 라자냐   ₩ 11,000
SEAFOOD LASAGNA
Lasagnette alla Pescatora

고기요리
MEAT - Carni

1. 이태리식 송아지고기 커트렛   ₩ 16,500
BREADED VEAL MILANESE
Vitello alla Milanese

2. 향신료를 가미한 양갈비구이   ₩ 18,500
GRILLED LAMB CHOPS WITH HERB SPICES
Costolette d' Agnello al Sapore delle Erbe

3. 햄, 치즈를 넣은 송아지 등심요리   ₩ 17,000
VEAL WITH HAM & MOZZARELLA CHEESE
Vitello Capri

4. 최상급 쇠안심 스테이크에 통후추 소스   ₩ 19,000
GRILLED TENDERLOIN STEAK WITH PEPPER SAUCE
Filetto alla Griglia

5. 양송이 소스를 곁들인 쇠안심 스테이크   ₩ 19,000
FILLET OF BEEF STEAK WITH MUSHROOM SAUCE
Filetto ai funghi

6. 피자올라 소스에 최상급 쇠등심 스테이크   ₩ 18,500
GRILLED SIRLOIN WITH PIZZAIOLA SAUCE
Bistecca alla Pizzaiola

7. 피오렌티나식 티본 스테이크   ₩ 19,000
GRILLED T-BONE STEAK "FLORENTINA STYLE"
Bistecca alla Fiorentina

8. 란데라식 양고기와 쇠안심구이   ₩ 19,000
COMBINATION OF LAMB & BEEF WITH FANTASY SAUCE
Fantasia La Stella

9. 피오렌티나식에 시금치를 곁들인 닭가슴살요리   ₩ 14,500
SAUTEED CHICKEN BREAST WITH SPINACH, HAM AND
MUSHROOM SAUCE
Petto di Pollo alla Fiorentina

생선요리
FISH - Pesce

1. 레몬 버터소스에 넙치구이   ₩ 16,000
PANFRIED FILET OF SOLE WITH LEMON BUTTER SAUCE
Filetto di Sogliola alla Mugnaia

2. 레몬소스에 왕새우구이   ₩ 18,000
GRILLED KING PRAWNS WITH GARLIC & LEMON SAUCE
Spiedini di Gamberi alla Griglia

3. 백포도주 소스에 언어요리   ₩ 16,000
POACHED SALMONE WITH WHITE WINE SAUCE
Salmone al Vino Bianco

4. 모듬 생선구이   ₩ 17,000
MIXED SEAFOOD GRILL
Pesce Misto alla Griglia

5. 바닷가재구이 또는 바닷가재 토마토 소스   ₩ Current Price(시가)
LOBSTER WITH SPICY TOMATO SAUCE
Aragosta Fra Diavola

6. 이태리식 새우와 갑오징어 튀김   ₩ 15,500
FRITTER OF CUTTLE FISH & SHRIMPS WITH SALSA VERDE
Fritto Misto

후 식
DESSERT - Dolci

1. 이태리산 모듬 치즈   ₩ 7,000
ASSORTED CHEESE
Formaggio Misto

2. 각종 아이스크림과 셔벗   ₩ 4,000
SELECTION OF ICE CREAM & SHERBET
Gelato Misto E Sorbetto Alli Italiana

3. 계절 과일   ₩ 5,000
ASSORTED SEASONAL FRESH FRUIT
Frutta Fresca di Stagione

4. 치즈, 계란, 크림, 커피를 첨가한 이태리식 정통 크림 케익   ₩ 4,500
IMPORTED MASCARPONE CREAM, LADY FINGERS
FLAVORED ESPRESSO CHOCOLATE
Tira Misu   ₩ 4,500

5. 이태리식 모듬 양과자
ASSORTMENT OF ITALIAN PASTRIES
Assortimento di Asticceria alla Italiana

음 료
BEVERAGE

1. 커피 또는 홍차   ₩ 3,000
Coffee or Tea

2. 에스프레소 커피   ₩ 3,500
Espresso Coffee

3. 카푸치노 커피   ₩ 3,500
Cappuccino Coffee

10% 봉사료와 10% 부가세가 가산됩니다.
10% Service Charge and 10% V.A.T. will be added.

10% 봉사료와 10% 부가세가 가산됩니다.
10% Service Charge and 10% V.A.T. will be added.

247

Italian Restaurant(La Stella) Menu(clip on)

Italian Restaurant Menu(Banquet)

Il Cuoco Alma
Italian Culinary Institute
Corso Master 7° Saggio Finale, Mercoledì, 13 Febbraio 2008

Benvenuti!
Menu Degustazione

* *Stuzzichini* *

Pizzette con melanzane e pinoli, Mini meringhe con kiwi, Insalatina mista,
Barchette di sedano con gorgonzola e noci, Panzerotti, Glavlax di salmone
가지와 잣들인 미니 피자, 키위를 올린 미니 머랭, 미니 샐러드,
호두와 고르곤졸라를 올린 샐러리, 만두피자, 연어 그라브락스

Aperitivo	*Peperoni ripieni con delicatezza di ricotta* 리코타 치즈로 소를 채운 파프리카 요리
Antipasto	*Timballo di merluzzo con salsa al pomodoro* 토마토 소스를 곁들인 따뜻한 은대구 팀발로
Primo-piatto	*Lasagnette con verdure e creme di zucca e aglio* 호박과 마늘크림소스와 야채 라쟈냐
Secondo-Piatto	*Filetto di manzo con lasagnette di verdure e salsa al vino rosso* 와인소스와 야채라쟈냐를 곁들인 소 안심구이
Dolce	*Torta di cioccolato con salsa ai lamponi* 딸기소스를 곁들인 따뜻한 초코케익
Piccola pasticceria	*Amaretti, Tartufi di cioccolato, Baci di dama, Torrone* 아마렛티, 송로버섯모양 초컬릿, 바치디다마, 또로네

Vini	와인
Aperitivo	Brachetto d'Acqui /Santero D.O.C.G
Antipasto e Primo	Prosecco /Villa Jolanda - Santero D.O.C.G
Secondo	Toscana Rosso, Cingalino /Villa Pilo I.G.T
Dolce	Moscato d'Asti /Villa Jolanda - Santero D.O.C.G

특정음식에 대한 알레르기가 있으신 분은 코스 시작 전 저희 학생에게 미리 말씀해 주시면 감사 하겠습니다

Family Restaurant(Applebee's, 미국) Menu

[표지]

250

Family Restaurant(Applebee's, 미국) Menu

Fresh from the Garden

Add a bowl of Today's Soup or our NEW Tomato Basil Soup for $1.99

Oriental Chicken Salad

Oriental Chicken Salad
A Neighborhood classic! Experience signature salad satisfaction when you feast on crisp Asian greens topped with golden fried chicken, toasted almonds and crispy noodles. Tossed with our Oriental vinaigrette and sliced scallions. Half Size $5.49 Regular $6.99

NEW Santa Fe Chicken Salad
This Southwest palate pleaser now includes even *MORE* grilled chipotle chicken. Served on a bed of greens tossed with two cheeses, pico de gallo and tortilla strips. Topped with guacamole, sour cream and our Mexi-ranch dressing. Half Size $5.79 Regular $7.49

Fried Chicken Salad
Bite-sized chicken fingers on fresh salad greens mixed with cheddar, diced tomatoes and eggs. Served with honey mustard dressing and garlic toast. Half-Size $5.49 Regular $6.99

NEW Blackened Chicken Salad
Now even *MORE* blackened chicken is served over fresh salad greens, and topped with eggs, diced tomatoes and cheddar. Served with garlic toast and a side of hot bacon-mustard dressing.
Half Size $5.79 Regular $7.49

NEW Grilled Italian Chicken Caesar Salad
Hail Caesar! An even *MORE* generous portion of grilled Italian chicken is served on this classic mix of romaine lettuce, Parmesan cheese and garlic croutons with Caesar dressing. Served with garlic toast.
Half Size $5.79 Regular $7.49
Garlic-Crusted Shrimp Caesar Salad also available
Half Size $6.99 Regular $8.99

Garlic-Crusted Shrimp Caesar

Family Restaurant(Applebee's, 미국) Menu

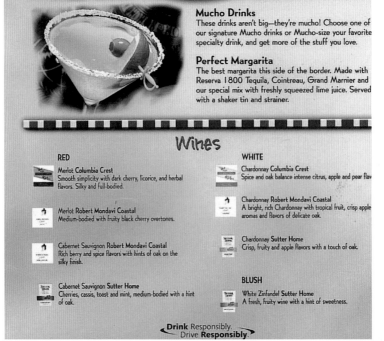

Mucho Drinks
These drinks aren't big—they're mucho! Choose one of our signature Mucho drinks or Mucho-size your favorite specialty drink, and get more of the stuff you love.

Perfect Margarita
The best margarita this side of the border. Made with Reserva 1800 Tequila, Cointreau, Grand Marnier and our special mix with freshly squeezed lime juice. Served with a shaker tin and strainer.

Wines

RED

Merlot Columbia Crest
Smooth simplicity with dark cherry, licorice, and herbal flavors. Silky and full-bodied.

Merlot Robert Mondavi Coastal
Medium-bodied with fruity black cherry overtones.

Cabernet Sauvignon Robert Mondavi Coastal
Rich berry and spice flavors with hints of oak on the silky finish.

Cabernet Sauvignon Sutter Home
Cherries, cassis, toast and mint, medium-bodied with a hint of oak.

WHITE

Chardonnay Columbia Crest
Spice and oak balance intense citrus, apple and pear flav

Chardonnay Robert Mondavi Coastal
A bright, rich Chardonnay with tropical fruit, crisp apple aromas and flavors of delicate oak.

Chardonnay Sutter Home
Crisp, fruity and apple flavors with a touch of oak.

BLUSH

White Zinfandel Sutter Home
A fresh, fruity wine with a hint of sweetness.

Drink Responsibly.
Drive **Responsibly.**

Family Restaurant(BIG ECHO, 일본) Menu

[표지]

Family Restaurant(BIG ECHO, 일본) Menu

254

Family Restaurant(BIG ECHO, 일본) Menu

255

Chinese Restaurant(金龍) Menu

[표지]

Chinese Restaurant(金龍) Menu

The rich flavors of autumn

1
새우와 메론튀김과 레몬 소오스
Fried King Prawn and Melon with Lemon Sauce
高麗檸汁香蜜中蝦
₩ (L) 45,000
₩ (S) 30,000

2
동충하초와 상어지느러미찜
Especial Chinese Plant Whole Shark's Fin
冬蟲夏草 燒大鮑翅
₩ 100,000

3
광동식 자연송이 볶음
Sauteed Pine Mushroom Cantonese Style
廣東式塩燒鮮松茸

오늘의 가격
Current price (時 價)

봉사료와 세금 각 10%가 가산됩니다.
10% Service Charge and 10% Tax will be added.
10%サービス料、10%税が加算されます。

Chinese Restaurant(金龍) Menu

一品料理
A LA CARTE

補身料理
보신요리
Special Double Boiled Soup
健康料理

불도강

人蔘鷄炖鮑翅	삼계 상어지느러미탕	
	오늘의 가격	Chicken & Whole Shark's Fin Soup with Boiled Ginseng
	Current Price	人蔘、鷄、ふかひれの姿蒸しスープ
沙爹鹿肉	사슴고기 사다 소오스	
	오늘의 가격	Sliced Venison with Satay Sauce
	Current Price	鹿とサータソース
竹笙雪蛤	죽생 흑룡강 설가왈	
	오늘의 가격	Heuk-Ryong Frog Egg and Bamboo Mushrooms with Oyster Sauce
	Current Price	黑龍江の蛙子料理
水魚	자라요리	
	오늘의 가격	Turtle Dishes (Choice of Cooking Methods)
	Current Price	すっぽん料理
		1日前 事前予約
		Please Make Reservations in Advance
迷你佛跳牆	불도장	
	오늘의 가격	Seafoods, Chicken, Shark's Fin with Ginseng Soup
	Current Price	ふかひれ、あわび、なまこ、鷄、漢方薬スープ
豉汁蒸鰻魚	민물장어 로딩콩소오스찜	
	오늘의 가격	Steamed Sweet Water Eel w/Black Bean Sauce
	Current Price	蒸レ鰻の黒豆ソースがけ

牛肉類
쇠고기류
Beef
牛肉

66

75

66.	中式牛柳	大盆 Large 小盆 Regular ₩45,000 ₩30,000	광동식 스테이크 Cantonese Style Beef Tenderloin 広東式ビーフステーキ
67.	青根菜牛肉	33,000 22,000	쇠고기 청근채 굴 소오스 Sauteed Beef with Petchay 牛肉と青根菜かき油炒め
68.	沙爹炒牛肉	30,000 20,000	쇠고기 사다 소오스 볶음 Sauteed Beef with Satay Sauce 炒め牛肉のサティーソース和え
69.	七彩牛柳絲	30,000 20,000	쇠고기 야채 볶음 Sauteed Sliced Beef & Vegetables 細切り牛肉と野菜炒め
70.	松茸牛肉	42,000 28,000	쇠고기 송이 볶음 Sauteed Beef with Pine Mushrooms 牛肉と松茸の炒め物
71.	什錦炒牛繊	33,000 22,000	쇠고기 상추쌈 Sauteed Minced Beef with Vegetables 牛挽き肉炒めレタス添え
72.	青椒牛柳絲	33,000 22,000	피망 쇠고기 볶음 Sauteed Sliced Beef & Green Pimientos 細切り牛肉とピーマンの炒め物
73.	京醬牛柳絲	30,000 20,000	쇠고기 짜장 볶음 Sauteed Beef with Bean Paste 細切り牛肉のジャジャンソース和え
74.	沙爹金菇炒牛肉絲	30,000 20,000	쇠고기, 팽이버섯 볶음과 사다 소오스 Sauteed Beef & Shitake Mushroom with Satay Sauce 牛肉、えのき茸の炒め物とサティソース
75.	黑椒西芹牛肉	33,000 22,000	쇠고기 셀러리 후추 볶음 Sauteed Beef with Celery 牛肉とセロリ炒め
76.	糖醋牛肉	33,000 22,000	북경식 쇠고기 탕수육 Peking Style Sweet & Sour Beef 酢牛肉

Chinese Restaurant(漁陽) Menu

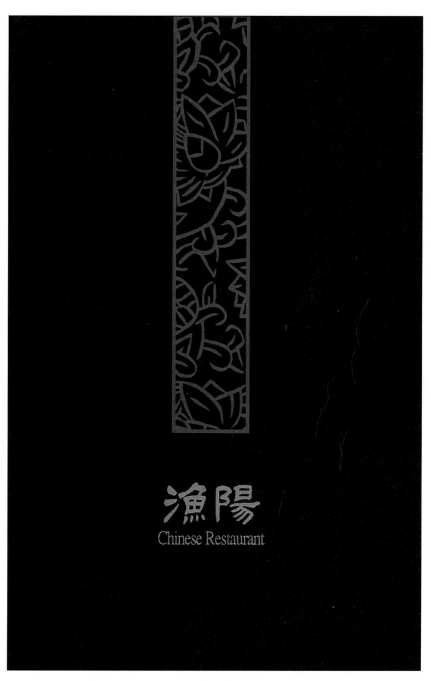

[표지]

Chinese Restaurant(漁陽) Menu

食事類 / 식사류 / RICE & NOODLES

131. 雜 班 飯 　 　 잡탕밥 ························ ₩ 11,000
　　　짜　빤　환　　　해물과 야채를 넣어 볶은 해물덮밥
　　　　　　　　　　Steamed Rice with Mixed Seafood

132. 炒 肉 飯 　 　 잡채밥 ························ ₩ 9,000
　　　차오　뉴　환　　　중국식 잡채와 볶음밥
　　　　　　　　　　Steamed Rice with Chop Sucy

133. 上 素 炒 麵 　 　 야채 볶음면 ··············· ₩ 9,000
　　　쌍　수　차오　멘　　　야채을 넣은 볶음면
　　　　　　　　　　Fried Noodles and Mixed Vegetables

134. 海 鮮 炒 麵 　 　 해물 볶음면 ··············· ₩ 9,000
　　　하이　씬　차오　멘　　　해물을 넣은 볶음면
　　　　　　　　　　Fried Noodles and Seafood

135. 海 鮮 炒 飯 　 　 해물 볶음밥 ··············· ₩ 7,000
　　　하이　씬　차오　환　　　3가지 해물을 넣은 볶음밥
　　　　　　　　　　Fried Rice with Three Kinks of Seafood

136. 醬 　 麵 　 　 삼선짜장면 ················· ₩ 6,000
　　　짱　　멘　　　삼선짜장면
　　　　　　　　　Noodle with Black Bean Sauce

137. 炒 馬 麵 　 　 삼선짬뽕 ·················· ₩ 7,000
　　　차오　마　멘　　　삼선짬뽕
　　　　　　　　　Noodle Soup and Seafoods, Vegetables with Hot Red Pepper

138. 漁 陽 湯 麵 　 　 어양해물탕면 ·············· ₩ 7,000
　　　위　양　탕　멘　　　해물과 야채를 넣은 시원한 우동
　　　　　　　　　　Noodle Soup with Seafoods and Vegetables

139. 牛 肉 湯 麵 　 　 쇠고기 우동 ··············· ₩ 7,000
　　　뉴　뉴　탕　멘　　　쇠고기 국물과 야채를 넣은 우동
　　　　　　　　　　Noodle Soup with Beef

140. 鷄 絲 麵 　 　 닭고기 탕면 ··············· ₩ 6,000
　　　기　쓰　멘　　　가는 면발과 맑은 닭고기 국물 맛
　　　　　　　　　Chicken Noodle Soup

141. 炸 饅 頭 　 　 튀긴 중국빵 ··········· (6Pieces) ₩ 4,000
　　　짜　만　도우　　　껍질은 바삭바삭하고 속은 부드러운 튀김 빵
　　　　　　　　　　Fried Chinese Bread

142. 炸 花 捲 　 　 꽃빵 튀김 ············· (6Pieces) ₩ 4,000
　　　짜　화　귀엔　　　꽃모양으로 반죽하여 속은 부드러운 튀김 빵
　　　　　　　　　　Fried Plain Roll

143. 蒸 花 捲 　 　 꽃빵 ················· (6Pieces) ₩ 4,000
　　　쭝　화　귀엔　　　꽃모양로 반죽하여 부드럽게 찐 빵
　　　　　　　　　　Steamed Plain Roll

141. 튀긴중국빵

142. 꽃빵튀김

143. 꽃빵

※ 10% Tax will be added / 10%의 세금이 가산됩니다.

Chinese Restaurant(漁陽) Menu

"다양한 중국식 **소스의 맛**을 선택하여
느끼실 수 있습니다."

탕수소스
중국소스를 한국사람의 입맛에 맞게
개발한 새콤하고 달콤한 걸쭉한 소스

칠리소스
고추기름을 '어양'에서 직접 짜서
마늘, 계란, 고추기름을 섞어서 만든
달콤한 소스

X.O
가쓰오부시, 햄, 마른새우, 쇠고기와
야채, 두부 등 장가지 30가지의
원료로 요리에 따라 각기 다른
맛을 내는 소스

깐풍소스
잘게 다진 마늘에 양념과 매콤한
맛을 곁들여 마늘향이 독특한 소스

어양소스
중국 전통 소스의 맛을 살린
독특한 어양 소스

두반장소스
중국콩을 발효시켜 담백하고 매콤한
사천식 매운맛 소스(돼지고기, 야채,
햄, 닭볶음, 생선)

콩간장소스
마늘과 콩버섯을 뜨거운 기름에
볶은 후에 나오는 독특한 향에
검정콩에 중국간장, 된장과
오향조미료를 가미한 소스
(조개요리와 생선요리에 적합)

칭증소스
중국간장에 독특한 향을 가미한
달콤짭짤한 소스

마늘소스
고혈압 예방에 효과적인 마늘, 파를
다져서 만든 담백한 맛의 소스

Chinese Restaurant(Luii) Menu

Wine List

France

Chateau Talbot 샤또 딸보 2004	₩ 240,000
Chateau Monestier La Tour 샤또 모네스띠에 라 뜨르	₩ 80,000
Cotes de Rhone 꼬뜨뒤론	₩ 50,000

Chile

Terranoble Gran Reserva-Cabernet Sauvignon 테라노블 그랑 레제르바 까베르네 쏘비뇽	₩ 77,000
Terranoble Reserva-Merlot 테라노블 레제르바 멜로	₩ 50,000
Montes Alpha shiraz 몬테스알파 쉬라즈	₩ 70,000

Italy

Chianti Classico DOCG 끼안티 끌라시코 끌레멘테 7세	₩ 70,000
Montepulciano D'ABRUZZO 몬테풀치아노 다브투조	₩ 80,000

Australia

Alkoomi Shiraz 알쿠미 쉬라즈	₩ 70,000
Alkoomi Cabernet Sauvignon 알쿠미 까베르네 소비뇽	₩ 90,000

White & Sparkling

Niersteiner Auflangen(White) 아우프랑겐(화이트)	₩ 40,000
Lauca Reserva Chardonnay 로우까 레제르바 사르도네	₩ 60,000
Buffardel(Sparkling) 뷔퐈델(스파클링)	₩ 50,000

House Wine .... (Glass) ₩ 8,000

(이글호크, 쉬라즈, 멜롯, 까베르네)
Eaglehawk Shiraz, Melot, Cabernet

주류 / 酒類
Drink

중국주

수정방 / 水井坊	(500ml)	₩ 330,000
	(250ml)	₩ 170,000
오량액 / 五粮液	(500ml)	₩ 280,000
주귀주 / 酒鬼酒	(250ml)	₩ 110,000
금문고량주 / 金門高粱酒	(300ml)	₩ 65,000
죽엽청주 / 竹葉淸酒	(500ml)	₩ 45,000
공부가주 / 孔府家酒	(500ml)	₩ 45,000
소흥주 / 紹興酒	(600ml)	₩ 70,000
천진고량주 / 天津高粱酒	(280ml)	₩ 40,000
	(140ml)	₩ 20,000
연태고량주 / 煙台高粱	(250ml)	₩ 25,000

Beer

카 스 / 啤酒	(330ml)	₩ 6,000
칭따오 / 青島	(330ml)	₩ 7,000

Soju

제이 / J	(360ml)	₩ 5,000
처음처럼	(360ml)	₩ 5,000

Soft Drink

사이다 / Cider (G)		₩ 2,000
콜 라 / Coke (G)		₩ 2,000

부가세 10%가 가산됩니다. / 10% Tax will be Added.

부가세 10%가 가산됩니다. / 10% Tax will be Added.

Swiss Restaurant(SWITZERLAND) Menu

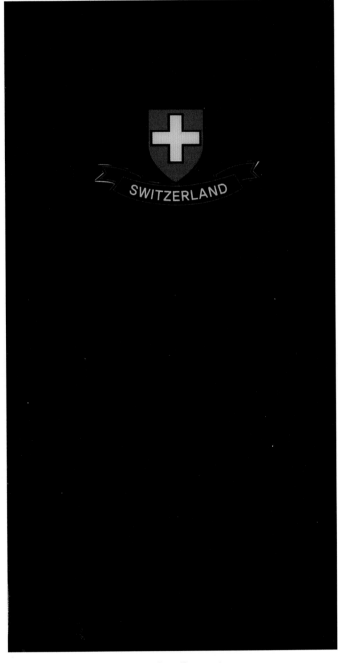

[표지]

Swiss Restaurant(SWITZERLAND) Menu

ALT SWISS CHALET

MENU

Oil Fondues / 오일 퐁듀류

오일 퐁듀

프랑스 버건디 지방 포도원에서 유래 되었다는 설이 가장 유력하며, 버건디 지방 포도농장에서 일하던 일꾼들이 포도수확철에 어떻게 하면 짧은 시간에 따뜻한 음식을 동시에 식사 할 수 있을까 고민하다가 포도씨 기름을 중앙에 두고 배가 고프면 언제든지 가서 먹을수 있도록 해놓았다는 음식입니다.

저희 업소는 올리브 오일에 고기, 새우, 버섯 ... 등을 익혀 페퍼쏘스 - 육류, 칼립스쏘스 - 해산물(케첩+마요네즈+레몬), 엔쵸비 쏘스 - 해산물(절인멸치 +마요네즈+올리브오일) 등 3가지 쏘스를 적어 즐겨 드실수 있습니다.

(ENJOYING PROCESS)

1) May pick the your favorite ingredients with your Fondue fork.
2) May put it into the hot oil in the pot.
3) May take it out from the pot and place it on your plate
4) You may enjoy your Fondue together with provided sauces and some wines.

(즐기시는 방법)

1) 먼저 드시고 싶은 식재료를 퐁듀 포크로 찍습니다.
2) 뜨거운 오일 냄비 속에 넣어서 익힙니다.
3) 꺼내서 익은 요리를 퐁듀 포크로부터 빼내서 접시 위에 놓습니다.
4) 미리 준비된 쏘스.
   그리고 잘 어울리는 와인과 함께 즐기시면 금상첨화일 것 입니다.

* Beef Fillet Fondue " Bourguignonne" .... ₩28,000
  Sliced Tenderloin of Beef enjoied with Sauces
  부르고뉴풍의 소고기 안심 퐁듀와 소스 곁들임
  (안심 / 호주산 / 200g)

* Beef Fillet et Champignon Fondue " Bourguignonne" ... ₩30,000
  Sliced Tenderloin of Beef and Mushrooms enjoied with Sauces
  부르고뉴풍의 소고기 안심과 양송이 퐁듀와 소스 곁들임
  (안심 / 호주산 / 200g)

* Prawn Fondue .... ₩33,000
  Well seasoned Prawns enjoied with Sauces
  왕새우 퐁듀와 소스 곁들임

* Seafood Fondue .... ₩33,000
  Seafood - Shrimps, Salmon, Snappers enjoied with Sauces
  해산물 - 새우, 연어, 도미 퐁듀와 소스 곁들임

10% Value added tax will be added
상기 요금에는 10% 부가세가 가산됩니다.

ALT SWISS CHALET

MENU

치즈 퐁듀

* Fondue du Valais / 퐁듀 뒤 발레 .... ₩27,000
  Fondue cooked by only crisp dry White Wine and Valais Cheese
  담백, 상큼한 화이트 와인과 발레 치즈만으로 맛을 낸 퐁듀

* Gorgonzolla Cheese Fondue / 고르곤졸라 치즈 퐁듀 .... ₩28,000
  Served with French Bread
  고르곤졸라 치즈로 만든 미식가 퐁듀

* Tomato and Cheese Fondue / 토마토와 치즈 퐁듀 .... ₩27,000
  Tomato Puree mixed with Cheese
  Served with French Bread
  토마토 퓨레와 치즈를 섞어 만든 건강식 퐁듀

*** A choice of side dish / That's right for you.
Our chef combines below several dishes: ***
치즈 퐁듀와 함께 드시면 서로의 맛을 상승시켜 주는
주방장 추천의 별미 요리

* Pan-fried Tenderloin of Beef .... ₩20,000
  소고기 안심 팬 구이 (안심 / 호주산 /200g)

* Pan-fried Seafood —Shrimps, Scallops, Mussels, Baby Octopuses
  새우, 가리비, 홍합, 쭈꾸미 팬 구이 .... ₩20,000

* Pan-fried Germen Veal Sausages .... ₩14,000
  독일풍의 송아지 고기 소시지 팬 구이 (목살)

10% value added tax will be added
상기 요금에는 10%의 부가세가 별도 가산됩니다.

Japanese Restaurant(熱海) Menu

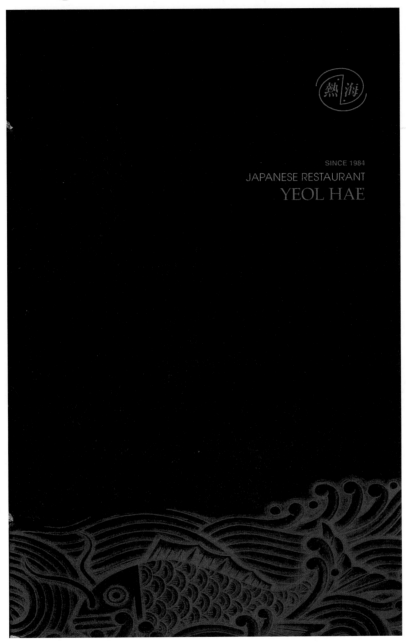

SINCE 1984
JAPANESE RESTAURANT
YEOL HAE

[표지]

Japanese Restaurant(熱海) Menu

SUSHI

寿 司

초밥

모듬초밥 寿司盛り合わせ
Assorted Sushi
₩22,000

특모듬초밥 特寿司盛り合わせ
Special Assorted Sushi
₩35,000

김초밥 海苔巻き
Cold Rice, Rolled w/ Dried Laver
₩6,000

RICE BOWLI DISHES

丼 物

덮밥류

특생선회덮밥 特刺身丼
Special Sashimi on Rice
₩25,000

생선회덮밥 刺身丼
Sashimi on Rice
₩15,000

장어덮밥 うたぎ丼
Eel Topping on Rice
₩20,000

새우튀김덮밥 海老天婦羅丼
Fried Shrimps on Rice
₩15,000

Japanese Restaurant(熱海) Menu

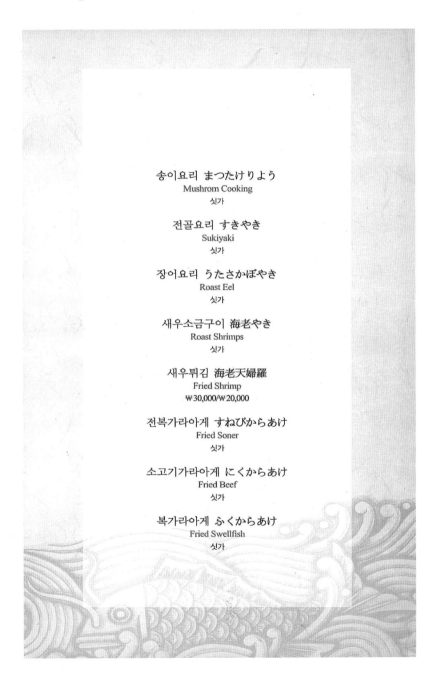

송이요리 まつたけりよう
Mushrom Cooking
싯가

전골요리 すきやき
Sukiyaki
싯가

장어요리 うたさかぼやき
Roast Eel
싯가

새우소금구이 海老やき
Roast Shrimps
싯가

새우튀김 海老天婦羅
Fried Shrimp
₩30,000/₩20,000

전복가라아게 すねびからあげ
Fried Soner
싯가

소고기가라아게 にくからあげ
Fried Beef
싯가

복가라아게 ふくからあげ
Fried Swellfish
싯가

한식당(서라벌) Menu

[표지]

한식당(서라벌) Menu

오늘의 특별요리
本日の特別料理/TODAY'S SPECIAL

해물전골 정식 --------₩20,000 (2인분 이상)
Seafood and Vegetable Stew Pot

제주옥도미구이 정식 ----------₩20,000
Broiled Red Snapper Table d'Hote

갈치구이 정식 ----------------₩15,000
Broiled Hair-Tail Table d'Hote

꿩도리탕 정식 ----------------₩25,000
Spicy Stewed Pheasant

해물된장뚝배기 정식 ----------₩10,000
Seafood with Vegetables and
Soybean Soup

한국전통의 美를 담은 그윽한 분위기속에 우리전래의 멋과 조상의 슬기가 담겨 있는 한국전통요리의 미각을 드립니다. 전통적인 궁중요리를 교자상으로 준비하였고 주안상의 一品料理, 영양식의 정식류, 계절별 특미요리, 신선미 있는 무공해 건강식 요리 등을 특징있게 준비하였습니다. 정갈한 요리, 세심한 서비스와 함께 즐겁고 뜻있는 자리가 되시길 바랍니다.

감사합니다.

서라벌 지배인

From Yi Dynasty history come the recipes for the royal court cuisine that has become the hallmark of the Shilla's Sorabol Restaurant. From appetizer and soup, through main dishes of meats, seafood and a wide variety of side dishes, to exotic desserts and beverages, you will savor the same dining experience as the kings of long ago.

Always at your service
The Sorabol Manager

한식당(서라벌) Menu

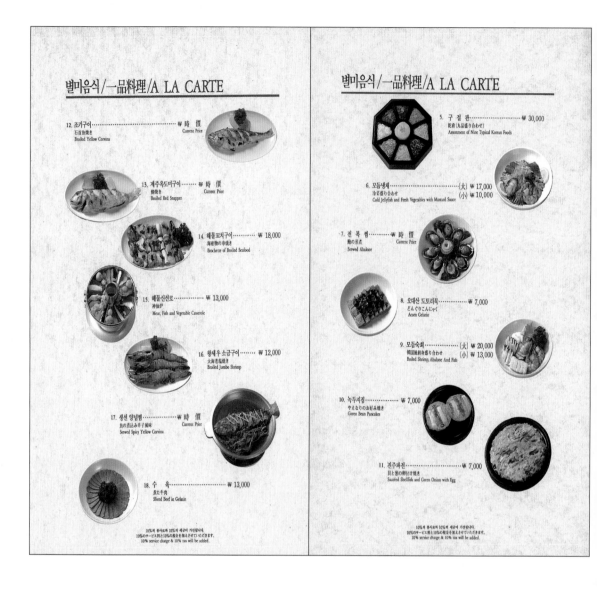

별미음식/一品料理/A LA CARTE

12. 조기구이 ·············· ₩ 時 價
石首魚燒烤   Current Price
Broiled Yellow Corvina

13. 제주옥도미구이 ···· ₩ 時 價
鯛燒烤   Current Price
Broiled Red Snapper

14. 해물꼬치구이 ········· ₩ 18,000
海産物の串燒烤
Brochette of Broiled Seafood

15. 해물신선로 ·············· ₩ 13,000
神仙爐
Meat, Fish and Vegetable Casserole

16. 왕새우 소금구이 ······· ₩ 12,000
大海老鹽燒烤
Broiled Jumbo Shrimp

17. 생선 양념찜 ·············· ₩ 時 價
魚の煮込み辛子風味   Current Price
Stewed Spicy Yellow Corvina

18. 수 육 ·············· ₩ 13,000
煮た牛肉
Sliced Beef in Gelatin

別미음식/一品料理/A LA CARTE

5. 구 절 판 ·············· ₩ 30,000
乾肴 (九品盛り合わせ)
Assortment of Nine Typical Korean Foods

6. 모듬냉채 ·············· (大) ₩ 17,000
冷菜盛り合わせ   (小) ₩ 10,000
Cold Jellyfish and Fresh Vegetables with Mustard Sauce

7. 전 복 찜 ·············· ₩ 時 價
鮑の蒸煮   Current Price
Stewed Abalone

8. 오대산 도토리묵 ········· ₩ 7,000
どんぐりこんにゃく
Acorn Gelatin

9. 모듬숙회 ·············· (大) ₩ 20,000
韓国風刺身盛り合わせ   (小) ₩ 13,000
Boiled Shrimp, Abalone And Fish

10. 녹두지짐 ·············· ₩ 7,000
やえなりのお好み燒烤
Green Bean Pancakes

11. 전주파전 ·············· ₩ 7,000
貝と葱の卵付け燒烤
Sautéed Shellfish and Green Onion with Egg

10%의 봉사료와 10%의 세금이 가산됩니다.
10%のサービス料と10%の税金を加えさせていただきます。
10% service charge & 10% tax will be added.

10%의 봉사료와 10%의 세금이 가산됩니다.
10%のサービス料と10%の税金を加えさせていただきます。
10% service charge & 10% tax will be added.

한식당(서라벌) Menu

반상류/定食/TABLE D'HÔTE

35. 갈비구이 반상 ···················· ₩ 17,000
カルビ焼定食
Broiled Beef Ribs

36. 갈비찜 반상 ···················· ₩ 15,000
カルビの煮込定食
Stewed Beef Ribs

37. 돌불고기 반상 ···················· ₩ 15,000
石のブルゴキ定食
Broiled Beef

38. 어두 매운탕 반상 ············ ₩ 時 價
魚の辛子風味スープ   Current Price
Spicy Fish Soup

39. 삼계탕 반상 ···················· ₩ 9,500
人蔘と鳥のスープ
Chicken Soup

40. 꼬리곰국 반상 ················ ₩ 12,000
牛尾のスープ
Oxtail Soup

41. 도가니탕 반상 ················ ₩ 11,000
牛膝蓋の骨と牛肉のスープ
Korean Beef Soup (Doganitang)

42. 두부된장조치 반상 ············ ₩ 8,000
味噌スープ定食
Vegetable and Soybean Soup

43. 곱창전골반상 ················ ₩ 12,000
新腸鍋
Meat and Vegetable Stew Pot

44. 육회 비빔밥 반상 ············ ₩ 15,000
牛肉の刺身ビビムバップ
Rice with Vegetables and Raw Beef

45. 갈비탕 반상 ···················· ₩ 8,000
カルビスープ
Beef Rib Soup

반상류/定食/TABLE D'HÔTE

32. 한정식 ···················· ₩25,000/1人 (4人 ₩100,000)
韓定食
Korean Table D'Hôte

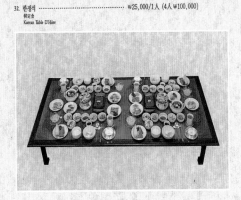

33. 전주반상 ············ ₩ 15,000
全州ビビムバップ定食
Jonju-Style Rice with Vegetables Table D'Hôte

34. 냉면반상 ············ ₩ 15,000
冷麺定食
Beef Ribs and Cold Noodles Table D'Hôte

한식당(서라벌) Menu

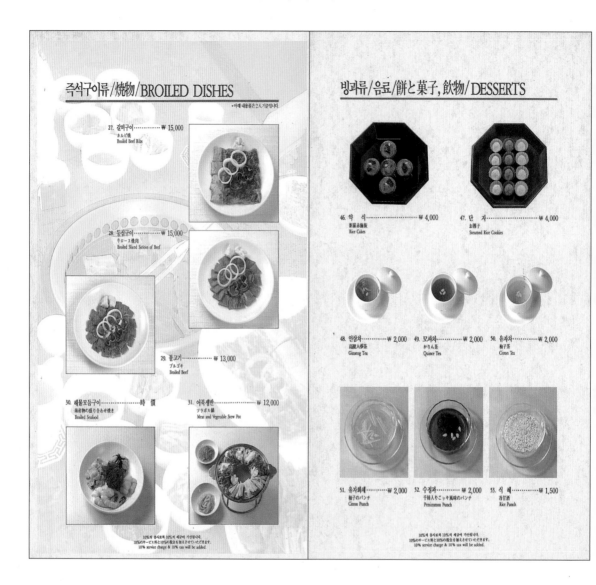

즉석구이류/焼物/BROILED DISHES

・아래 내용물은 2人 기준입니다.

27. 갈비구이 ·········· ₩ 15,000
カルビ焼
Broiled Beef Ribs

28. 등심구이 ·········· ₩ 15,000
牛ロース焼肉
Broiled Sliced Sirloin of Beef

29. 불고기 ·········· ₩ 13,000
プルゴギ
Broiled Beef

30. 해물모듬구이 ·········· 時 價
海産物の盛り合わせ焼き
Broiled Seafood

31. 어복쟁반 ·········· ₩ 12,000
プラポ는 鍋
Meat and Vegetable Stew Pot

10%의 봉사료와 10%의 세금이 가산됩니다.
10%のサービス料と10%の税金を加えさせていただきます。
10% service charge & 10% tax will be added.

빙과류/음료/餅と菓子, 飲物/DESSERTS

46. 약 식 ·········· ₩ 4,000
新羅赤飯版
Rice Cakes

47. 단 자 ·········· ₩ 4,000
お揚子
Steamed Rice Cookies

48. 인삼차 ·········· ₩ 2,000
高麗人蔘茶
Ginseng Tea

49. 모과차 ·········· ₩ 2,000
かりん茶
Quince Tea

50. 유자차 ·········· ₩ 2,000
柚子茶
Citron Tea

51. 유자화채 ·········· ₩ 2,000
柚子のパンチ
Citron Punch

52. 수정과 ·········· ₩ 2,000
干柿入りごっく風味のパンチ
Persimmon Punch

53. 식 혜 ·········· ₩ 1,500
甘甘酒
Rice Punch

10%가 봉사료와 10%의 세금이 가산됩니다.
10%のサービス料と10%の税金を加えさせていただきます。
10% service charge & 10% tax will be added.

인도 음식 전문점(ALSABA) Menu

인도 음식 전문점(ALSABA) Menu

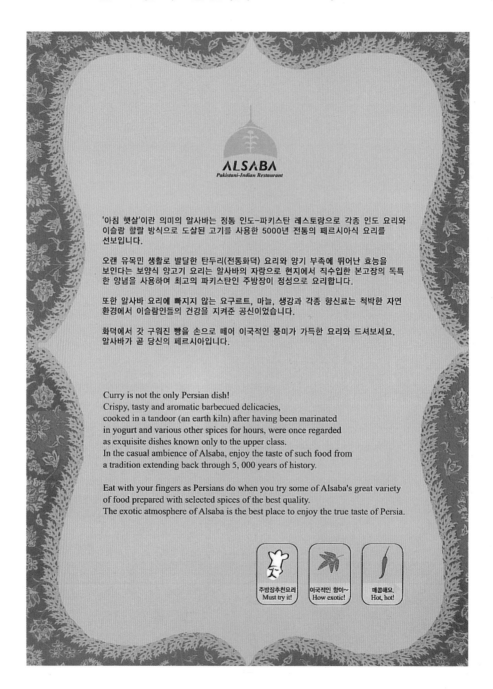

ALSABA
Pakistani-Indian Restaurant

'아침 햇살'이란 의미의 알사바는 정통 인도-파키스탄 레스토랑으로 각종 인도 요리와 이슬람 할랄 방식으로 도살된 고기를 사용한 5000년 전통의 페르시아식 요리를 선보입니다.

오랜 유목민 생활로 발달한 탄두리(전통화덕) 요리와 양기 부족에 뛰어난 효능을 보인다는 보양식 양고기 요리는 알사바의 자랑으로 현지에서 직수입한 본고장의 독특한 양념을 사용하여 최고의 파키스탄인 주방장이 정성으로 요리합니다.

또한 알사바 요리에 빠지지 않는 요구르트, 마늘, 생강과 각종 향신료는 척박한 자연 환경에서 이슬람인들의 건강을 지켜준 공신이었습니다.

화덕에서 갓 구워진 빵을 손으로 떼어 이국적인 풍미가 가득한 요리와 드셔보세요. 알사바가 곧 당신의 페르시아입니다.

Curry is not the only Persian dish!
Crispy, tasty and aromatic barbecued delicacies,
cooked in a tandoor (an earth kiln) after having been marinated
in yogurt and various other spices for hours, were once regarded
as exquisite dishes known only to the upper class.
In the casual ambience of Alsaba, enjoy the taste of such food from
a tradition extending back through 5, 000 years of history.

Eat with your fingers as Persians do when you try some of Alsaba's great variety
of food prepared with selected spices of the best quality.
The exotic atmosphere of Alsaba is the best place to enjoy the true taste of Persia.

주방장추천요리
Must try it!

이국적인 향이~
How exotic!

매콤해요.
Hot, hot!

인도 음식 전문점(ALSABA) Menu

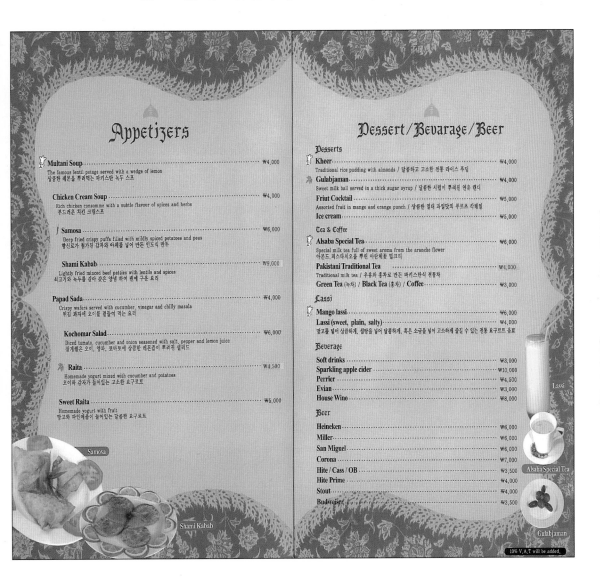

Appetizers

Multani Soup ··················· ₩4,000
The famous lentil potage served with a wedge of lemon
상큼한 레몬을 뿌려먹는 파키스탄 녹두 스프

Chicken Cream Soup ··················· ₩4,000
Rich chicken consomme with a subtle flavour of spices and herbs
부드러운 치킨 크림스프

Samosa ··················· ₩6,000
Deep fried crispy puffs filled with mildly spiced potatoes and peas
향신료와 첨가된 감자와 야채를 넣어 만든 인도식 만두

Shami Kabab ··················· ₩9,000
Lightly fried minced beef patties with lentils and spices
쇠고기와 녹두를 갈아 갖은 양념 하여 팬에 구운 요리

Papad Sada ··················· ₩4,000
Crispy wafers served with cucumber, vinegar and chilly masala
튀김 과자에 오이를 곁들여 먹는 요리

Kochomar Salad ··················· ₩6,000
Diced tomato, cucumber and onion seasoned with salt, pepper and lemon juice
잘게썰은 오이, 양파, 토마토에 상큼한 레몬즙이 뿌려진 샐러드

Raita ··················· ₩4,500
Homemade yogurt mixed with cucumber and potatoes
오이와 감자가 들어있는 고소한 요구르트

Sweet Raita ··················· ₩5,000
Homemade yogurt with fruit
망고와 파인애플이 들어있는 달콤한 요구르트

Samosa

Shami Kabab

Dessert/Bevarage/Beer

Desserts

Kheer ··················· ₩4,000
Traditional rice pudding with almonds / 달콤하고 고소한 전통 라이스 푸딩

Gulabjaman ··················· ₩4,000
Sweet milk ball served in a thick sugar syrup / 달콤한 시럽이 뿌려진 연유 캔디

Friut Cocktail ··················· ₩5,000
Assorted fruit in mango and orange punch / 상큼한 열대 과일맛의 푸르츠 칵테일

Ice cream ··················· ₩5,000

Tea & Coffee

Alsaba Special Tea ··················· ₩6,000
Special milk tea full of sweet aroma from the aranche flower
아몬드,피스타치오를 뿌린 아란체꽃 밀크티

Pakistani Traditional Tea ··················· ₩4,000
Traditional milk tea / 우유와 홍차로 만든 파키스탄식 전통차

Green Tea (녹차) / **Black Tea** (홍차) / **Coffee** ··················· ₩3,000

Lassi

Mango lassi ··················· ₩6,000
Lassi (sweet, plain, salty) ··················· ₩4,000
망고를 넣어 상큼하게, 설탕을 넣어 달콤하게, 혹은 소금을 넣어 고소하게 즐길 수 있는 전통 요구르트 음료

Beverage

Soft drinks ··················· ₩3,000
Sparkling apple cider ··················· ₩10,000
Perrier ··················· ₩4,500
Evian ··················· ₩3,000
House Wine ··················· ₩8,000

Beer

Heineken ··················· ₩6,000
Miller ··················· ₩6,000
San Miguel ··················· ₩6,000
Corona ··················· ₩7,000
Hite / Cass / OB ··················· ₩3,500
Hite Prime ··················· ₩4,000
Stout ··················· ₩4,000
Budweiser ··················· ₩3,500

Lassi

Alsaba Special Tea

Gulabjaman

10% V.A.T will be added.

인도 음식 전문점(ALSABA) Menu

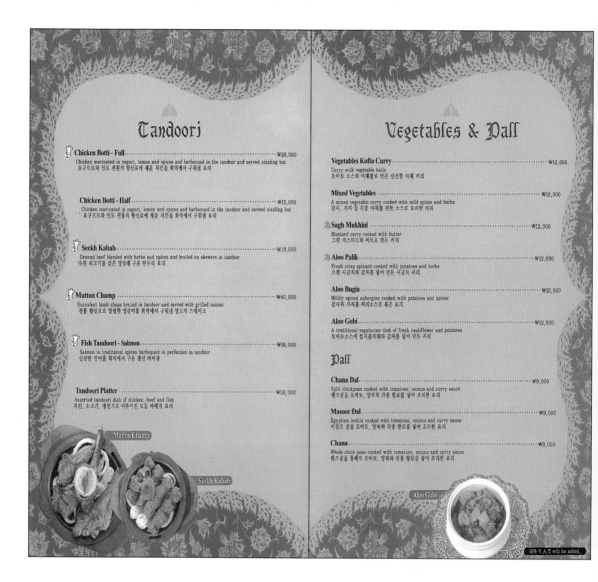

Tandoori

Chicken Botti - Full ·· ₩26,000
Chicken marinated in yogurt, lemon and spices and barbecued in the tandoor and served sizzling hot
요구르트와 인도 전통의 향신료에 재운 치킨을 화덕에서 구워낸 요리

Chicken Botti - Half ·· ₩15,000
Chicken marinated in yogurt, lemon and spices and barbecued in the tandoor and served sizzling hot
요구르트와 인도 전통의 향신료에 재운 치킨을 화덕에서 구워낸 요리

Seekh Kabab ·· ₩18,000
Ground beef blended with herbs and spices and broiled on skewers in tandoor
다진 쇠고기를 갖은 양념에 구운 탄두리 요리

Mutton Champ ··· ₩40,000
Succulent lamb chops broiled in tandoor and served with grilled onions
전통 향신료로 양념한 양갈비를 화덕에서 구워낸 양고기 스테이크

Fish Tandoori - Salmon ··· ₩18,000
Salmon in traditional spices barbequed to perfection in tandoor
신선한 연어를 화덕에서 구운 생선 바비큐

Tandoori Platter ·· ₩50,000
Assorted tandoori dish of chicken, beef and fish
치킨, 소고기, 생선으로 이루어진 모듬 바베큐 요리

Mutton Champ

Seekh Kabab

Vegetables & Dall

Vegetables Kofta Curry ··· ₩12,000
Curry with vegetable balls
토마토 소스와 야채볼로 만든 신선한 야채 커리

Mixed Vegetables ·· ₩12,000
A mixed vegetable curry cooked with mild spices and herbs
감자, 가지 등 각종 야채를 전한 소스로 요리한 커리

Sagh Mukhini ··· ₩12,000
Mustard curry cooked with butter
그린 머스타드와 버터로 만든 커리

Aloo Palik ·· ₩12,000
Fresh crisp spinach cooked with potatoes and herbs
으깬 시금치와 감자를 넣어 만든 시금치 커리

Aloo Bugia ··· ₩12,000
Mildly spiced aubergine cooked with potatoes and spices
감자와 가지를 커리소스로 볶은 요리

Aloo Gobi ·· ₩12,000
A traditional vegetarian dish of fresh cauliflower and potatoes
토마토소스에 컬리플라워와 감자를 넣어 만든 커리

Dall

Chana Dal ·· ₩9,000
Split chickpeas cooked with tomatoes, onions and curry sauce
렌즈콩을 토마토, 양파와 각종 향료를 넣어 조리한 요리

Masoor Dal ··· ₩9,000
Egyptian lentils cooked with tomatoes, onions and curry sauce
이집트 콩을 토마토, 양파와 각종 향료를 넣어 조리한 요리

Chana ··· ₩9,000
Whole chick peas cooked with tomatoes, onions and curry sauce
렌즈콩을 통째로 토마토, 양파와 각종 향료를 넣어 조리한 요리

Aloo Gobi

10% V.A.T will be added.

■ 참고문헌

고재건, 서비스품질경영존, 제주대학교출판부, 1999.

구자열, "광고표현방법, 상품/상표친숙성, 상품평가특성과 상품상징성에 관한 연구", 계명대학교 박사학위논문, 1998.

김기영, 호텔주방관리론, 백산출판사, 1997.

김기영·함형만·엄영호·김이수, 메뉴경영관리론, 2006.

김성혁, 서비스산업론, 형성출판사, 1997.

김연화, "호텔객실가격관리에 관한 연구", 세종대학교 박사학위논문, 1995.

김원수, 일반상품학, 1988.

김월호, "문화관광상품의 서비스품질에 관한 연구", 강원대학교 박사학위논문, 2002.

나정기, 메뉴관리론, 백산출판사, 1995.

박유식, "서비스 가격전략에 관한 연구", 성균관대학교 박사학위논문, 1996.

박현숙, "한국상품의 가격·품질 관계 연구", 성균관대학교 박사학위논문, 1998.

박충환·오세조, 시장지향적 마케팅관리, 박영사, 1993.

사사끼 요시오, 식당경영론, 문지사, 1997.

안상형 외 2인, 현대품질경영, 학현사, 1998.

안영면, 현대관광소비자행동론, 동아대학교출판부, 2001.

오승일, 식음료사업경영, 백산출판사, 1992.

원융희, 현대호텔식당경영론, 대왕사, 1989.

유필화·김용준·한상만, 현대마케팅론, 박영사, 1989.

_____, 가격정책론과 응용, 박영사, 1991.

윤진호, 기업경영과 회계, 무역경영사, 2002.

윤훈현, 현대경영학, 청목출판사, 1998.

이유재, 서비스마케팅, 학현사, 1994.

이정자, 메뉴관리, 기문사, 2001.

_____, "새로운 메뉴가격결정방법에 관한 연구", 산업과 경제 제5집, 1995.

_____, 식음료 원가관리, 형설출판사, 1990.

_____, 메뉴관리, 기문사, 1994.

이봉석, "서비스 질이 호텔이미지 형성이 미치는 영향에 관한 연구", 경남대 박사학위논문, 1996.

임붕영·박상배, 외식사업개론, 대왕사, 1995.

임붕영, "외식산업의 서비스품질 평가에 관한 연구", 경기대학교 박사학위논문, 2000.

조문수, "호텔고객의 메뉴 선택행동과 메뉴기획", 한양대학교 박사학위논문, 2005.

조용범·강병남·김형준, 메뉴관리론, 대왕사, 2003.

진양호·강종헌, 메뉴관리론, 지구문화사. 2003.

_____, 원가관리론, 지구문화사, 2002.

진양호, "호텔, 레스토랑의 메뉴엔지니어링에 관한연구", 경기대학교 박사학위논문, 1997.

_____, "외식업체의 메뉴분석 적용방안에 관한 연구", Culinary Research 제7권 3호, 2001.

_____, "메뉴평가모델의 개발에 관한 연구", 외식경영학연구, 1998.

최승이·이미례, 관광상품론, 대왕사, 1999.

한의영, 상품학총론, 삼영사, 1984.

황복주·김원식·이영희, 경영학원론, 도서출판 두남, 1998.

Assael, Henry, Consumer Bavior and Marketing Action, 4th des, Boston, MN : PWS-KENT, 1992.

A. Parasuraman, Valarie A. Zeithaml, and Leanard L. Berry, "A Conceptual Model of Service Quality and Its Implications for Future Research", Journal of Marketing, Vol.49. Fall 1985.

Deborah H. Sutherlin, "*Food Production and Recipe Standardization*", VNR'S Encyclopedia of Hospitality and Tourism, 1993.

Valarie Zeithaml, "Consumer Perceptions of Price, Quality, and Value : A Means - End Model and Synthesis of Evidence". Journal of Marketing, vol.52(July 1988). pp.2-21.

M. Enckson Gray & J. K. Johansson, "The Role of Price in Attiribute Product Evaluation". Journal of Consumer Reserch (September), 1985, p.196.

Hemenway, Price and Quality, *Ballinger Publishing Company*, 1984, pp.155-170.

공저자 소개

■ 김준희
  김포대학교 호텔조리과 교수

■ 박인수
  혜천대학교 식품조리계열 교수

■ 장혁래
  김포대학교 호텔조리과 교수

■ 양동휘
  초당대학교 호텔조리학과 교수

■ 이태기
  전남도립대학교 호텔조리제빵과 교수

■ 조남철
  대림대학교 글로벌조리제과학부 교수

알기 쉬운 메뉴관리의 이론과 실제

2020년 3월 10일 초판 1쇄 발행
2022년 2월 20일 초판 2쇄 발행

지은이 김준희 · 장혁래 · 이태기 · 박인수 · 양동휘 · 조남철
펴낸이 진욱상
펴낸곳 (주)백산출판사
교 정 편집부
본문디자인 편집부
표지디자인 오정은

저자와의
합의하에
인지첩부
생략

등 록 2017년 5월 29일 제406-2017-000058호
주 소 경기도 파주시 회동길 370(백산빌딩 3층)
전 화 02-914-1621(代)
팩 스 031-955-9911
이메일 edit@ibaeksan.kr
홈페이지 www.ibaeksan.kr

ISBN 979-11-90323-82-6 93590
값 20,000원